AKADEMIE DER WISSENSCHAFTEN UND DER LITERATUR

ABHANDLUNGEN DER
MATHEMATISCH-NATURWISSENSCHAFTLICHEN KLASSE

JAHRGANG 1997 · Nr. 3

Änderungen der Zirkulationsstruktur im europäisch-atlantischen Sektor und deren mögliche Ursachen

von

DIETER KLAUS
unter Mitarbeit von
I. Niemeyer, H. Paeth, A. Poth, G. Stein und M. Voß

Mit 61 Abbildungen

AKADEMIE DER WISSENSCHAFTEN UND DER LITERATUR · MAINZ
FRANZ STEINER VERLAG · STUTTGART

Vorgelegt von Hrn. Lauer in der Plenarsitzung am 22. Februar 1997,
zum Druck genehmigt am selben Tage, ausgegeben am 22. Dezember 1997.

Die Deutsche Bibliothek – CIP-Einheitsaufnahme
Klaus, Dieter:
Änderungen der Zirkulationsstruktur im europäisch-atlantischen
Sektor und deren mögliche Ursachen / von Dieter Klaus. Unter
Mitarb. von I. Niemeyer... Akademie der Wissenschaften und der
Literatur, Mainz. – Stuttgart : Steiner, 1997
    (Abhandlungen der Mathematisch-Naturwissenschaftlichen Klasse /
    Akademie der Wissenschaften und der Literatur ; Jg. 1997, Nr. 3)
    ISBN 3-515-07242-X

© 1997 by Akademie der Wissenschaften und der Literatur, Mainz
Alle Rechte einschließlich des Rechts zur Vervielfältigung, zur Einspeisung in elektronische
Systeme sowie der Übersetzung vorbehalten. Jede Verwertung außerhalb der engen Grenzen
des Urheberrechtsgesetzes ist ohne ausdrückliche Genehmigung der Akademie und des
Verlages unzulässig und strafbar.
Druck: Rheinhessische Druckwerkstätte, 55232 Alzey
Printed in Germany

Gedruckt auf säurefreiem, chlorfrei gebleichtem Papier

Inhalt:

1 Einleitung 4

2 Regelhafte Änderungen der Großwetterlagenhäufigkeiten und der
wetterlagenabhängigen 500 hPa-Geopotentialstruktur 5

3 Langfristige Änderungen der 500 hPa-Geopotentialstrukturen 18
3.1 Trend der Geopotentiale im Beobachtungsintervall 1949-1994 18
3.2 Verlagerungen der Frontalzone 29
3.3 Häufigkeitsänderungen extremer Wettererscheinungen 42
3.4 Häufigkeitsänderungen der täglichen Höhentrogpositionen 44
3.5 Hauptkomponentenanalyse der Geopotentiale 50

4 Neuronale Netzwerk-Algorithmen zur Erkennung charakteristischer
Verteilungsstrukturen der 500 hPa-Geopotentiale 61

5 Anthropogenes Klimasignal im europäisch-atlantischen Sektor 90

6 Beziehungen zwischen der Dynamik der Geopotentialfelder und anderen
klimawirksamen Parametern 114
6.1 Nordatlantischer Oszillationsindex 115
6.2 Solare Aktivitätsschwankungen 124
6.3 Telekonnektionen mit El Niño und der Southern Oscillation 138

7 Variation der Persistenz 149

8 Ausblick 161

9 Literatur 165

1 Einleitung

Die globalen Jahresmitteltemperaturen haben sich im Ablauf dieses Jahrhunderts um etwa 0.6° C erhöht. In Europa nahmen die kontinentweiten Mitteltemperaturen im Zeitraum 1891-1990 im Frühjahr um etwa 1.0° C, im Sommer um etwa 0.5° C, im Herbst um knapp 1.0° C und im Winter deutlich über 1.0° C zu. Im Frühling und Sommer erreichten die höchsten mittleren Temperaturzunahmen seit 1891 2° C im Osten und nur 0.5° C im Westen des Kontinents. Im Herbst und Winter erstreckte sich eine Zone mit mittleren Temperaturanstiegen deutlich über 1° C von Südspanien bis nach Rußland (Schönwiese et al., 1993).

Ziel dieser Untersuchung ist es, die mit diesen Änderungen der bodennahen Lufttemperaturen einhergehenden Umstellungen der Zirkulationsdynamik im europäisch-atlantischen Raum herauszuarbeiten. Dazu wird zunächst die seit 1881 vorliegende Statistik der europäischen Großwetterlagen analysiert. Dann werden die seit 1949 täglich verfügbaren 500 hPa-Geopotentiale sowie die daraus abzuleitende Zirkulationsstruktur und Schichtmitteltemperatur der unteren Troposphäre bezüglich längerfristiger, regelhafter Veränderungen untersucht. Dabei werden auch künstliche Neuronale Netzwerkverfahren eingesetzt. Mit Hilfe der am Max-Planck-Institut für Meteorologie in Hamburg entwickelten Fingerprintmethode wird schließlich die Wahrscheinlichkeit einer anthropogenen Beeinflussung der Klimadynamik im euro-atlantischen Bereich überprüft.

2 Regelhafte Änderungen der Großwetterlagenhäufigkeiten und der wetterlagenabhängigen 500 hPa-Geopotentialstruktur

Als Großwetterlage wird die über einen mehrtägigen Zeitraum näherungsweise unverändert bleibende mittlere Luftdruckverteilung in Bodennähe und in der mittleren Troposphäre über einem Großraum von der Größe des europäisch-atlantischen Bereichs bezeichnet. Auf der Grundlage des Richtungsverlaufs der Boden- und Höhenströmung werden die Großwetterlagen Europas nach zonaler, gemischter und meridionaler Zirkulationsform eingeteilt.

Die weitere Untergliederung der Zirkulationsformen erfolgt nach der oft nicht mehr eindeutig festzulegenden Lage der steuernden Hoch- und Tiefdruckgebiete sowie nach der Ausrichtung der Frontalzone. Der Witterungscharakter im Bereich der alten Bundesrepublik Deutschland wird durch den Isobarenverlauf in diesem Gebietsausschnitt erfaßt. Dabei wird davon ausgegangen, daß bei zyklonaler Isobarenkrümmung aufsteigende, bei antizyklonaler absteigende Luftbewegungen dominieren (Hess, Brezowsky, 1977). Die Qualität des Klassifikationsergebnisses ist abhängig von der Erfahrung des Analysten, also nicht frei von subjektiven Zuordnungsentscheidungen.

Für Europa wurden auf der Grundlage der beschriebenen Merkmale 29 Großwetterlagen definiert, die sich zu zehn Großwettertypen zusammenfassen lassen (Gerstengarbe, 1993). Entsprechend der dominierenden Boden- und Höhenströmungsrichtung wird der West-Großwettertyp sowie der SW-, S-, SE-, E-, NE-, N- und NW-Großwettertyp unterschieden. Zu diesen acht Großwettertypen kommen noch die Großwettertypen „Hoch über Mitteleuropa" und „Tief über Mitteleuropa", die aber nicht eindeutig durch eine vorherrschende Strömungsrichtung zu definieren sind.

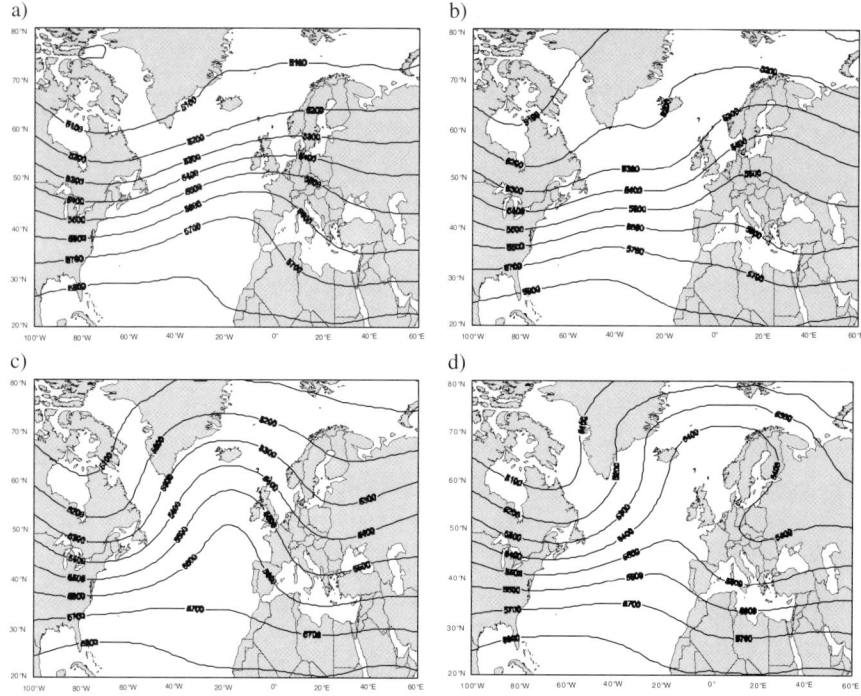

Abb. 1: Mittlere Geopotentiale in den Monaten Dezember, Januar und Februar der Jahre 1949-1994, gemittelt über alle Tage, an denen die Großwettertypen West (a), Südwest und Süd (b), Nordwest, Nord und Nordost (c) sowie Ost (d) auftraten.

Zur Überprüfung der Qualität der nicht gänzlich von subjektiven Zuordnungsentscheidungen freien Großwetterlagenklassifikation bietet sich eine Analyse der täglichen Strömungsstrukturen des 500 hPa-Niveaus in Abhängigkeit zu den jeweils am gleichen Tag auftretenden Großwetterlagen an. In Abb. 1 sind beispielhaft die mittleren Höhen der Geopotentialflächen für die Wintermonate Dezember, Januar und Februar der Jahre 1949-1994 gemittelt über die Tage angegeben, an denen die jeweils angeführten Großwetterlagen auftraten. Die Höhe der Geopotentialfläche ist in geopotentiellen Metern als Produkt aus Schwerebeschleunigung und wahrer Höhe in Metern über NN angegeben.

Im 500 hPa-Niveau können die Luftströmungen als geostrophisch ausbalanciert angenommen werden. Die Höhenwindrichtungen entsprechen deshalb dem Verlauf der Konturen der Geopotentialflächen. Gemittelt über alle Tage, an denen die Großwetterlagen „West zyklonal" (Wz) und „West antizyklonal" (Wa) auftraten, ergibt sich eine Höhenströmung, die über Westeuropa in west-östlicher Richtung orientiert ist (Abb. 1a) und somit exakt dem Richtungs-kriterium der Großwetterlagenklassifikation entspricht.

Für die Tage, an denen der südwestliche oder der südliche Großwettertyp auftraten, ergibt sich im Mittel eine Höhenströmung, die, wie nach den Klassifikationskriterien zu fordern ist, aus dem südwestlichen Richtungssektor Westeuropa erreicht (Abb. 1b). Die Zusammenfassung der Höhenströmungen für die Tage, an denen der NW-, der N- oder der NE-Großwettertyp auftrat, führt zu einer Strömung über Westeuropa aus dem nord-nordwestlichen Richtungssektor (Abb. 1c), während gemittelt über alle Tage mit Ostlagen die Höhenströmung Westeuropa aus nordöstlicher Richtung überströmt (Abb. 1d).

Die Richtungen der großwetterlagenabhängig gemittelten Höhenströmungen stimmt auch für alle einzeln untersuchten Großwetterlagen exakt mit den Klassifikationskriterien überein. Die bei der Großwetterlagenklassifikation unumgänglichen Zuordnungsentscheidungen führten folglich im Zeitraum 1949-1994 zu keinen Verfälschungen der großwetterlagenabhängigen, mittleren Zirkulationsstrukturen.

Die Großwetterlagenstatistik reicht bis 1881 zurück. Da Höhendaten erst regelmäßig seit 1949 vorliegen, erfolgten die Zuordnungen für den Zeitraum 1881-1949 ausschließlich auf der Grundlage der Bodenerhebungen. Es ist deshalb nicht mit Sicherheit zu belegen, ob die Klassifikation der Großwetterlagen in diesem Zeitraum die tatsächlichen Höhenzirkulationen hinreichend genau erfaßt. Alle Aussagen, die diesen frühen Zeitraum betreffen, müssen vor diesem Hintergrund bewertet werden.

Faßt man die jährlichen Häufigkeiten der NW-, N- und NE-Großwettertypen zusammen, so zeigt die Häufigkeitsentwicklung im Zeitraum 1881-1994 einen signifikanten negativen Trend. Strömungen aus dem nördlichen Richtungssektor traten im Zeitraum vor 1900 an etwa 120 Tagen im Jahr auf, seit 1980 hingegen nur noch an etwa 80 Tagen (Abb. 2a). Die Häufigkeit der Nordströmungen reduzierte sich folglich um mehr als 30 %. Die stärksten Veränderungen erfolgten in der Zeit nach 1949.

In Abb. 2b ist die Struktur der bei dieser Großwetterlagenkombination auftretenden mittleren Höhenströmung für das 500 hPa-Niveau wiedergegeben. Der westeuropäische Raum ist von einer Höhenströmung aus nordwestlicher Richtung überlagert. Im europäisch-atlantischen Sektor ist ein westlicher Höhentrog bei etwa 80°W und ein östlicher bei 20°W ausgebildet. Die Häufigkeitsreduktion der Großwetterlagen mit Strömungen aus dem nördlichen Richtungssektor bedingt eine Häufigkeitsabnahme von Kaltlufteinbrüchen aus dem nordatlantischen Raum und damit eng verbunden eine Reduktion der Auftrittshäufigkeiten des Troges bei 20°W.

Eine nahezu inverse jährliche Häufigkeitsentwicklung zeigt die Summe der SW- und Süd-Großwettertypen (Abb. 2c). Von 1881 bis etwa 1940 traten die Strömungen aus dem süd- bis südwestlichen Richtungssektor im Mittel an etwa 30 Tagen auf, ab 1950 hingegen an etwa 70 Tagen. Ab 1970 traten die Südströmungen mit fast der gleichen Häufigkeit wie die Nordströmungen auf. Zur Jahrhundertwende erreichten die Häufigkeiten der Südströmungen nur 25 % der Nordströmungshäufigkeiten. Da bei den GWL mit südlicher Richtungskomponente die entscheidenden Häufigkeitsänderungen nach 1949 erfolgen, kennzeichnet die Struktur der bei dieser Großwetterlagenkombination auftretenden mittleren Höhenströmung die Zirkulationsbedingungen im 500 hPa-Niveau mit hinreichender Sicherheit (Abb. 2d). Die Höhenströmung erreicht West-

Änderungen der Zirkulationsstrukturen ... 9

a)
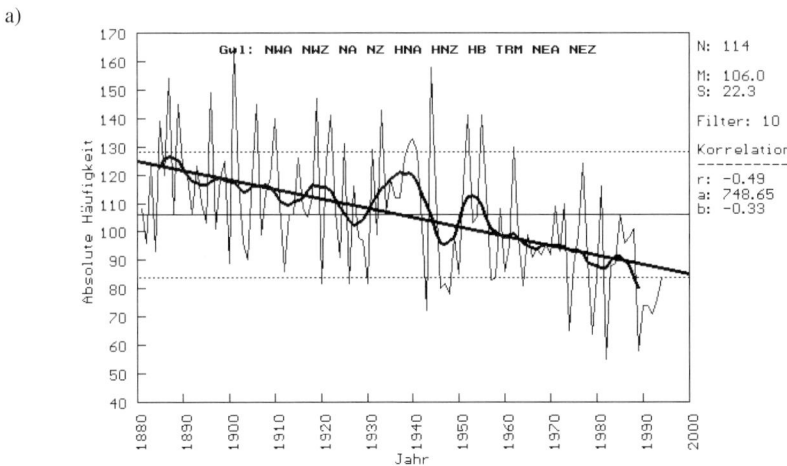

b)

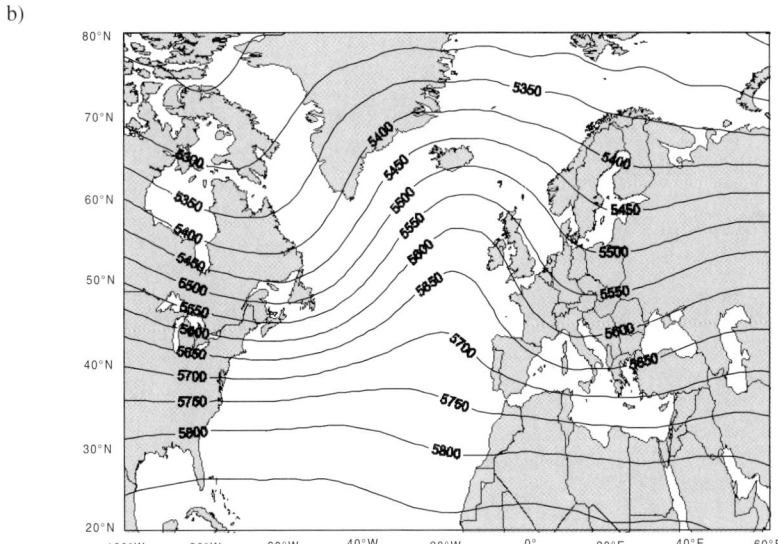

Abb. 2a,b: Zeitreihe der jährlichen Auftrittshäufigkeiten der nordwestlichen (NWa, NWz), nördlichen (Na, Nz, HNa, HNz, HB, TRM) und nordöstlichen (NEa, NEz) Großwettertypen im Zeitraum 1881-1994 (a) sowie die zugehörige wetterlagenabhängige mittlere 500 hPa-Geopotentialstruktur im Zeitraum 1949-1994 (b).

c)

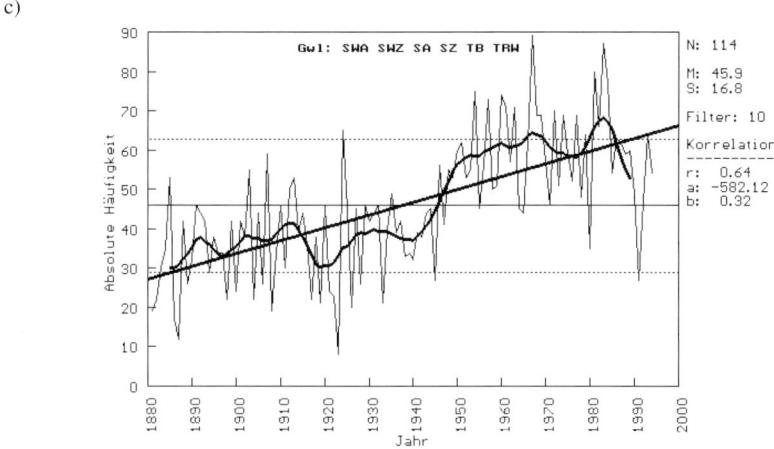

d)

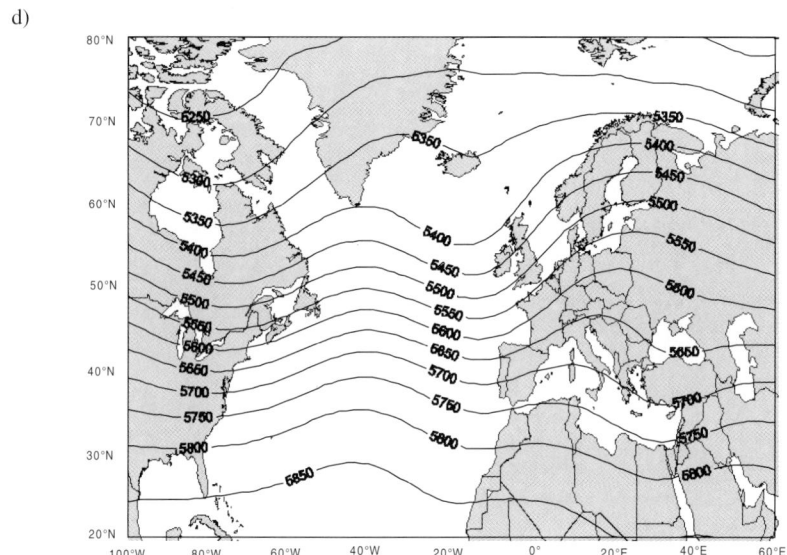

Abb. 2c,d: Zeitreihe der jährlichen Auftrittshäufigkeiten der südwestlichen (SWa, SWz) und südlichen (Sa, Sz, TB, TRW) Großwettertypen im Zeitraum 1881-1994 (c) sowie die zugehörige wetterlagenabhängige mittlere 500 hPa-Geopotentialstruktur im Zeitraum 1949-1994 (d).

europa aus südwestlicher Richtung. Ein erster Höhentrog ist bei etwa 75°W und ein zweiter bei 10-15°W ausgebildet. Die Häufigkeitszunahme dieser Zirkulationsstruktur weist aus, daß die thermischen Bedingungen in Westeuropa zunehmend häufiger durch Boden- und Höhenströmungen aus dem südlichen Richtungssektor bestimmt wurden.

Bezieht man die nicht ganz gesicherte Periode vor 1949 in die Betrachtung ein, so ist festzustellen, daß sich die Häufigkeit der Südströmungen seit 1920 verdoppelt hat. An 30 der 40 Tage, an denen zu Beginn des Jahrhunderts Nordströmungen auftraten, werden gegenwärtig Südströmungen beobachtet. Das bedeutet, daß an fast 10 % der Tage eines Jahres gegenwärtig gegenüber der Situation zu Beginn des Jahrhunderts kalte Nordströmungen durch deutlich wärmere Südströmungen ersetzt werden. Diese Zirkulationsumstellung, die durch die Häufigkeitsänderung der Großwetterlagen nachgezeichnet wird, begründet die beobachtete Erwärmungstendenz, die im europäisch-atlantischen Sektor seit Beginn dieses Jahrhunderts erkennbar ist.

Die beschriebenen Zirkulationsumstellungen sind mit erheblichen Änderungen der Großwetterlagenpersistenz verbunden. Beispielsweise nahm die ununterbrochene Andauer von Großwetterlagen mit Höhentrogpositionen westlich von 10° E in den Sommermonaten von 5 auf 10 Tage zu, während die ununterbrochene Andauer der Großwetterlagen mit Trogpositionen östlich von 10° E von 20 auf 10 Tage abnahm (Klaus, 1993).

Ein erheblicher Teil der beschriebenen Häufigkeitsänderungen erfolgte im Ablauf der Sommermonate (Juni, Juli, August). Die Häufigkeit der Strömungen aus dem nördlichen Richtungssektor nahm von 1920 bis 1960 um etwa 25 Tage ab, die aus dem südlichen Richtungssektor um mehr als 10 Tage zu (Abb. 3a,c). An 32.6 % der Tage, an denen zu Beginn des Jahrhunderts noch Nordströmungen beobachtet wurden, sind gegenwärtig in den Sommermonaten Strömungen aus anderen Richtungssektoren zu beobachten. An 11 % dieser Tage traten Südströ-

a)

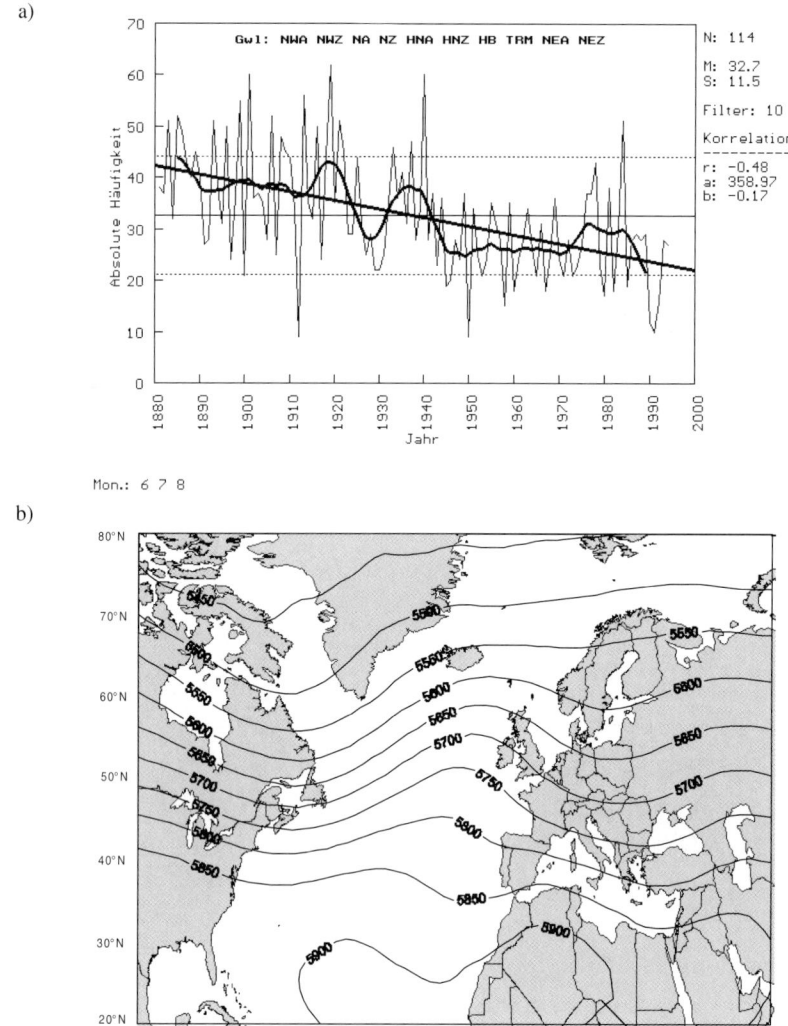

b)

Abb. 3 a,b: Zeitreihe der sommerlichen (Juni, Juli, August) Auftrittshäufigkeiten der nordwestlichen (NWa, NWz), nördlichen (Na, Nz, HNa, HNz, HB, TRM) und nordöstlichen (NEa, NEz) Großwettertypen für die Periode 1881-1994 (a) sowie die zugehörige wetterlagenabhängige mittlere 500 hPa-Geopotentialstruktur im Zeitraum 1949-1994 (b).

c)
d)

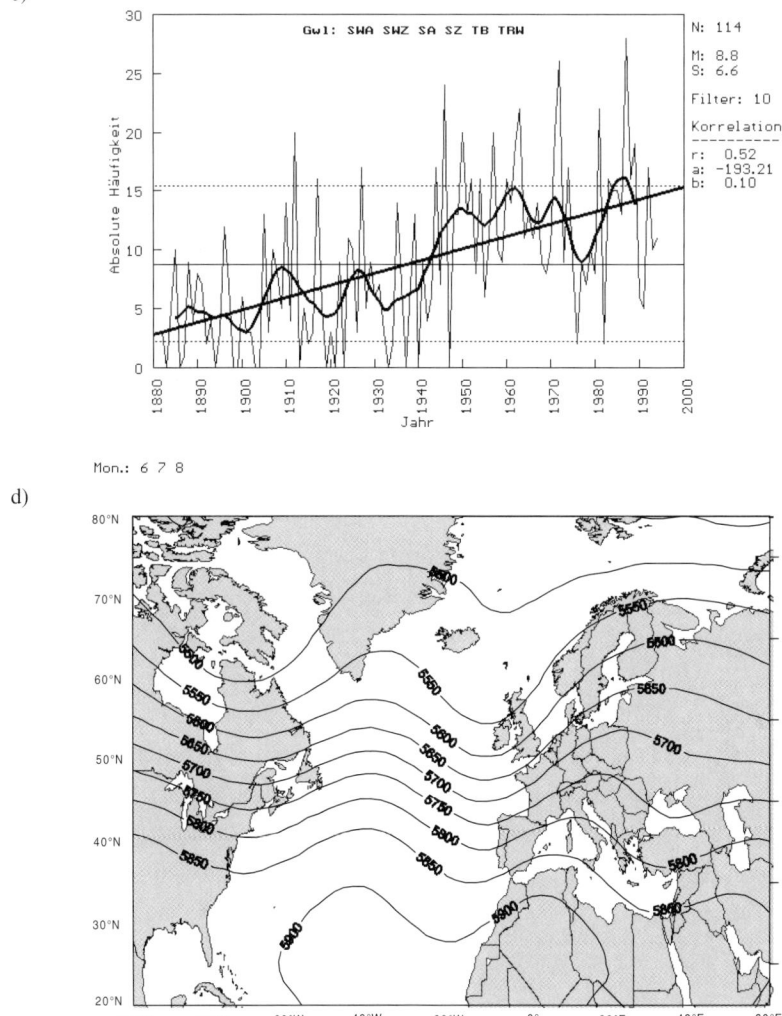

Abb. 3 c,d: Zeitreihe der sommerlichen Auftrittshäufigkeiten der südwestlichen (SWa, SWz) sowie südlichen (Sa, Sz, TB, TRW) Großwettertypen im Zeitraum 1881-1994 (c) sowie die zugehörige wetterlagenabhängige mittlere 500 hPa-Geopotentialstruktur im Zeitraum 1949-1994 (d).

mungen an die Stelle der Nordströmungen. An den restlichen Tagen herrschten Hochdruckgebiete über Mitteleuropa.

Ähnlich wie bei den Jahreswerten ist die Abnahme der Nordlagenhäufigkeiten mit einer Reduktion der Auftrittshäufigkeiten des Troges bei 20°E, die Zunahme der Südlagenhäufigkeiten mit einer Zunahme der Auftrittshäufigkeiten des Troges bei 10-15°W verbunden (Abb. 3b,d). Da die stärksten Häufigkeitsänderungen der Großwetterlagen zwischen 1940 und 1950 erfolgten (Abb. 3a,c), müssen diese Ergebnisse vorsichtig bewertet werden, da es nicht auszuschließen ist, daß mit der Verfügbarkeit von Höhenwinddaten nach 1949 bewährte Klassifikationsregeln abgeändert wurden. Wegen der engen Zusammenhänge, die zwischen der Lage der Frontalzone und den steuernden Zentren im Bodenniveau einerseits und der Höhenströmung andererseits bestehen, sind allerdings drastische Fehlklassifikationen unwahrscheinlich. Nord- und Südströmungen unterscheiden sich im Bodendruckfeld durch eine Umkehr der Lage der Hoch- und Tiefdruckzentren. Eine derartige Änderung des Druckfeldes sollte selbst aus kleinen Datenkollektiven des Bodendrucks mit hinreichender Sicherheit abzuleiten sein.

Für die Herbst- und Frühjahrsmonate lassen sich die für das ganze Jahr und die Sommermonate beschriebenen Häufigkeitsänderungen ebenfalls nachweisen. Beispielsweise nahmen die Häufigkeiten der Nordströmungen während der Frühjahrsmonate von 35 auf rund 15 Tage im Ablauf dieses Jahrhunderts ab. Ähnlich starke Veränderungen lassen sich für die Herbstmonate belegen. In den Wintermonaten (Dezember, Januar, Februar) zeigt die Häufigkeitssumme der Wetterlagen Hoch über Mitteleuropa (HM), Nord zonal (Nz), Nordost zonal (NEz) und Nordost antizyklonal (NEa) den stärksten Häufigkeitsrückgang in diesem Jahrhundert (Abb. 4a). Die mittlere Auftrittshäufigkeit dieser Wetterlagen lag zu Beginn des Jahrhunderts bei etwa 22 Tagen, gegenwärtig hingegen nur noch bei 7 Tagen. Das zu dieser Großwetterlagenkombination gehörige mittlere Geopotentialfeld ist durch eine Strömung aus dem nördlichen Richtungssektor gekennzeichnet (Abb. 4b). Neben der rückläufigen Häufigkeit der kalten Nord- und

Nordostströmungen indiziert auch der Häufigkeitsrückgang der ausstrahlungsstarken Hochdrucklagen über Mitteleuropa eine Erwärmungstendenz im Winter.

In den Wintermonaten weist die aus den Häufigkeiten der Westlagen, der Südwestlagen und der Brücke über Mitteleuropa gebildete Häufigkeitssumme einen signifikant positiven Trend seit Beginn der dreißiger Jahre aus (Abb. 4c). Die Auftrittshäufigkeiten dieser Lagen haben sich von 25 Tagen auf über 50 Tage erhöht. Das bedeutet, daß an die Stelle der mit niedrigen Temperaturen verbundenen Nord- und Hochdrucklagen, deren Häufigkeiten in Abb. 4a zusammengefaßt wurden, die Südwestlagen (SWa, SWz), die Westlagen (Wz, Wa) und die mit nordwestlichen Windströmungen verbundene Brücke über Mitteleuropa (BM) getreten sind. Diese Lagen implizieren insgesamt Luftmassenströmungen aus westlichen und südwestlichen Richtungen, die mit einer deutlich milderen Witterung als die Nordlagen und die reinen Hochdrucklagen verbunden sind.

Das zu dieser Großwetterlagenkombination gehörige mittlere 500 hPa-Geopotentialfeld (Abb. 4d) impliziert eine Höhenströmung, die Westeuropa aus südwestlicher Richtung erreicht. Folgt man den Isohypsen über den Atlantik, so zeigt sich, daß der Ursprungsraum der herantransportierten Höhenluftmassen gegenüber Europa 10-15 Breitengrade südlicher liegt. Die winterliche Erwärmungstendenz, die besonders im Ablauf der letzten Jahrzehnte dieses Jahrhunderts zu beobachten ist, wird teilweise auf diese Zirkulationsumstellung zurückzuführen sein.

Die Analysen der jährlichen und der sommerlichen Großwetterlagenhäufigkeiten in Verbindung mit den zugehörigen Höhenzirkulationen zeigen, daß die Auftrittshäufigkeiten von Trögen im Laufe dieses Jahrhunderts in 20°E ab- und in 10-15°W zunahmen. In den Wintermonaten ist diese Erscheinung kaum, in den übrigen Jahreszeiten aber so stark ausgebildet, daß sie im Jahresmittel deutlich erkennbar bleibt. Im folgenden Abschnitt soll versucht werden, die beschriebenen Zirkulationsumstellungen genauer anhand der Variation der täglichen 500 hPa-Geopotentialflächen im euro-atlantischen Sektor zu erfassen.

a)

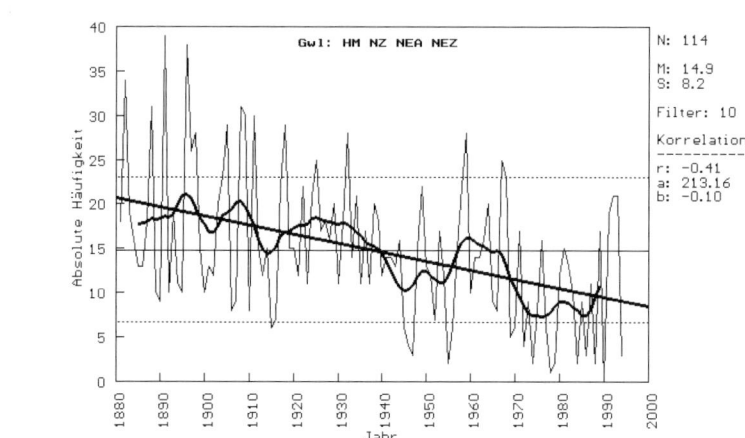

b)

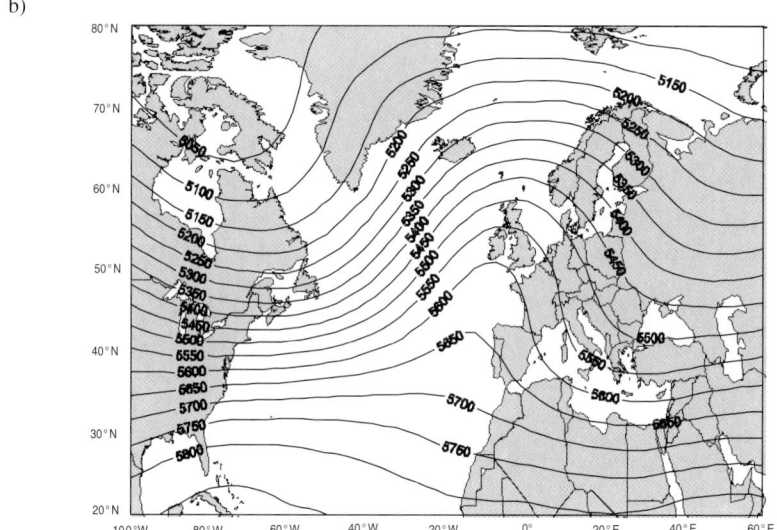

Abb. 4 a,b: Zeitreihe der winterlichen (Dezember, Januar, Februar) Auftrittshäufigkeiten der Lagen Hoch über Mitteleuropa (HM), der Nordlage (Nz) und der Nordostlagen (NEa, NEz) in der Periode 1881-1994 (a) sowie die zugehörige wetterlagenabhängige mittlere 500 hPa-Geopotentialstruktur im Zeitraum 1949-1994 (b).

c)

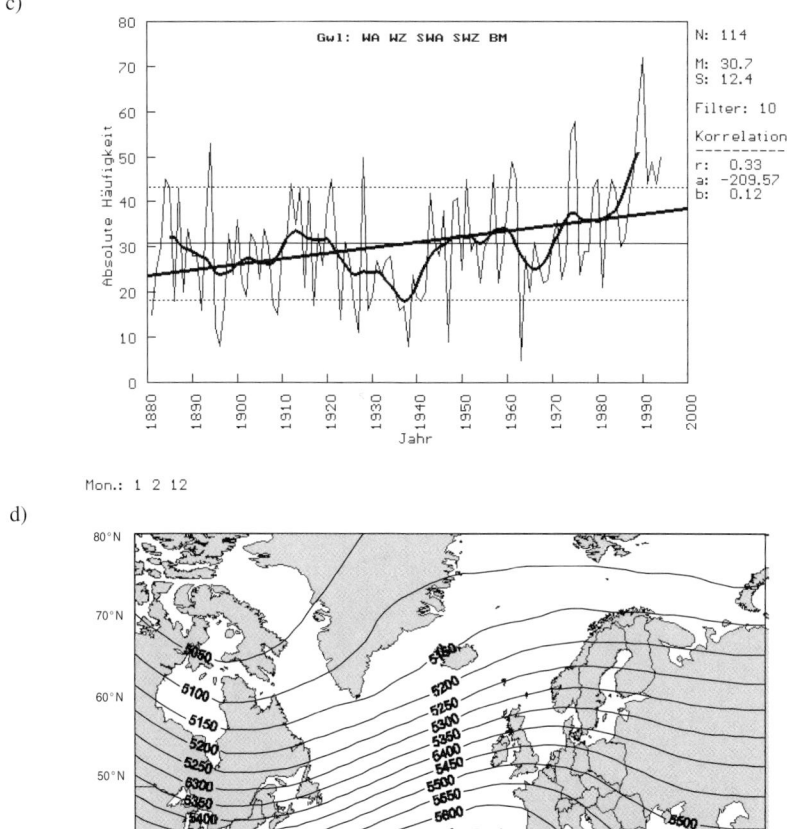

d)

Abb. 4 c,d: Zeitreihe der winterlichen, (Dezember, Januar, Februar) westlichen (Wa, Wz), südwestlichen (SWa, SWz) und durch eine Brücke über Mitteleuropa (BM) gekennzeichneten Großwetterlagen für die Periode 1881-1994(c) sowie die zugehörige wetterlagenabhängige mittlere 500 hPa-Geopotentialstruktur im Zeitraum 1949-1994 (d).

3 Langfristige Änderungen der 500 hPa-Geopotentialstrukturen

3.1 Trend der Geopotentiale im Beobachtungsintervall 1949-1994

Die im vorangehenden Abschnitt beschriebenen Änderungen der Großwetterlagenhäufigkeiten und die daraus abzuleitenden Zirkulationsumstellungen können anhand einer Vielzahl wissenschaftlicher Arbeiten ergänzt und erweitert werden. So nimmt seit etwa 1970 die Zonalität im euro-atlantischen Bereich besonders im Winter zu (Emmerich, 1991). Außerdem erfolgt seit dem Winter 1980 eine Intensivierung der Nord-Atlantik-Oszillation (NAO), die durch die Luftdruckdifferenz zwischen dem Azorenhoch und dem Islandtief erfaßt wird. Insbesondere in den Winterhalbjahren 1983/84, 1989/90 und 1990/91 erreicht diese Oszillation bisher noch nicht beobachtete Extremwerte (Hurrell, 1995).

Auch die Häufigkeit von Tiefdruckgebieten mit einem Kerndruck unter 950 hPa nimmt seit 1970 deutlich zu (Dronia, 1991; Stein und Hense, 1994; Franke, 1994). Dieser ansteigende Trend ist allerdings nicht signifikant. Zudem ändern Azorenhoch und Islandtief seit den dreißiger Jahren systematisch ihre Lage. Die mittlere Sommerposition des Azorenhoch verlagert sich nordwärts. Die mittlere Lage des Islandtiefs folgt dieser Verlagerungstendenz nur im Monat Juni. Die mittlere Winterposition des Islandtiefs verlagert sich im Gegensatz dazu in den letzten Jahrzehnten nach Süden (Mächel, 1995).

Die meridionalen Temperaturgradienten zwischen polaren und subtropischen Breiten erfahren seit den sechziger Jahren über dem Atlantik im 500 hPa-Niv-eau eine Intensivierung. Auch über Nordeuropa kann eine Zunahme der meri-dionalen Temperaturgradienten in diesem Niveau nachgewiesen werden (Flohn et al., 1990, 1992). Einhergeht diese Entwicklung mit einer Erwärmung des subtro-

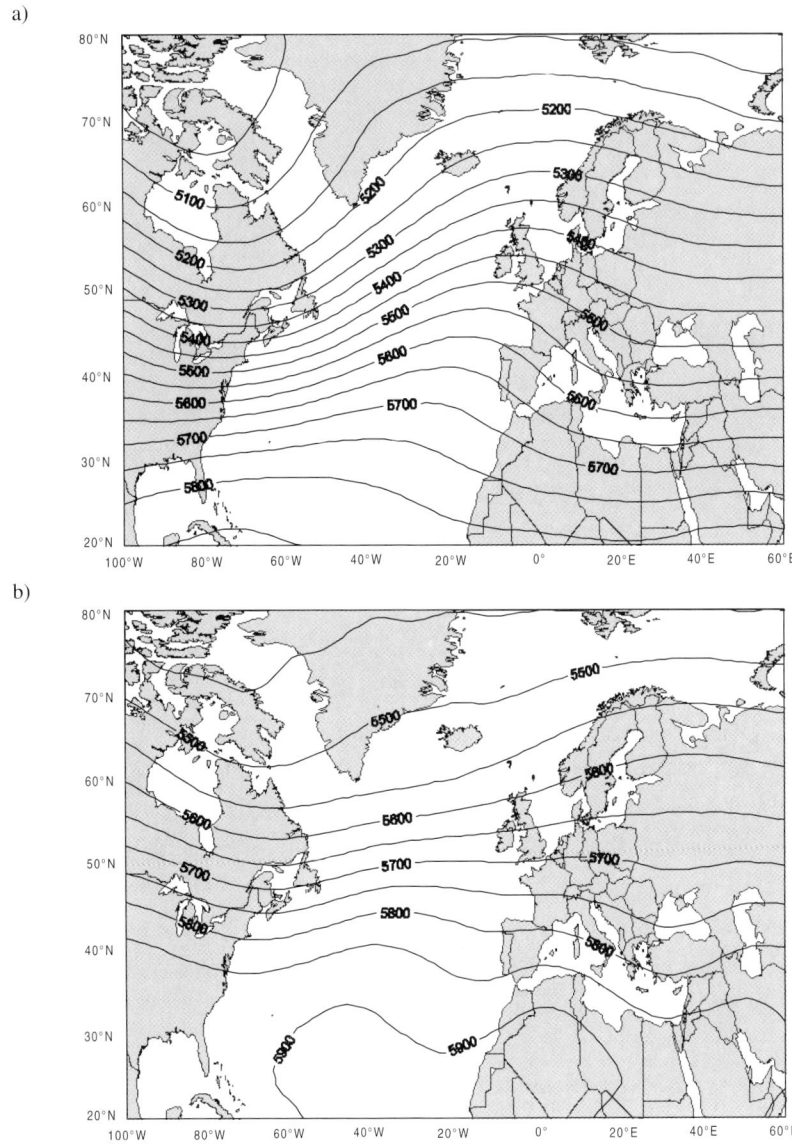

Abb. 5: Mittleres 500 hPa-Geopotentialfeld für die Wintermonate (a) und die Sommermonate (b) der Jahre 1949-1994.

pischen und östlichen Atlantiks bei gleichzeitig erfolgender starker Abkühlungstendenz des nordwestlichen Atlantiks (Malberg und Frattesi, 1995).

Alle diese Befunde sollten in Veränderungen der Geopotentialstrukturen des 500 hPa-Niveaus ihren Niederschlag finden. Um die generellen Tendenzen dieser Veränderungen im Vergleich zu den mittleren Bedingungen bewerten zu können, zeigen Abb. 5a und 5b zunächst die mittleren Geopotentialhöhen für die Wintermonate Dezember, Januar und Februar sowie für die Sommermonate Juni, Juli und August im Zeitraum 1949-1994.

Die generelle Struktur der Geopotentialfelder ist durch eine Höhenabnahme vom Sommer zum Winter sowie von den niedrigen zu den polaren Breiten gekennzeichnet. Der Verlauf der Isohypsen ist weitgehend zonal orientiert. Nur in 80°W und 20-40°E bilden sich gemittelt über den 46-jährigen Zeitraum Höhentröge im Winter und deutlich weniger stark ausgeprägt auch im Sommer aus. Ein Höhenrücken ist bei 0° im Winter und bei etwa 20°E im Sommer zu erkennen. Auch die mittleren Positionen der Höhentröge verlagern sich in den Sommermonaten gegenüber den Wintermonaten um 10-20° nach Osten.

Die Lage des ostamerikanischen Höhentroges wird in Abhängigkeit zur Geschwindigkeit der Höhenströmung durch die Land-Meerverteilung und die Lage der Rocky Mountains fixiert. Die kontinentale Kaltluft läßt die 500 hPa-Topographie im Winter über dem Kontinent so stark absinken, daß selbst im langjährigen Mittel ein deutlicher Trog erkennbar bleibt (Abb. 5a). Von etwa 80°W im Winter verlagert sich die Achse des Höhentroges in den Sommermonaten nach etwa 60-70°W und liegt damit über den westlichen Teilen des Nordatlantiks, deren Oberflächentemperaturen ganz wesentlich durch die Labradorströmung und den Ostgrönlandstrom bestimmt werden (Abb. 5b).

Änderungen der Zirkulationsstrukturen ...

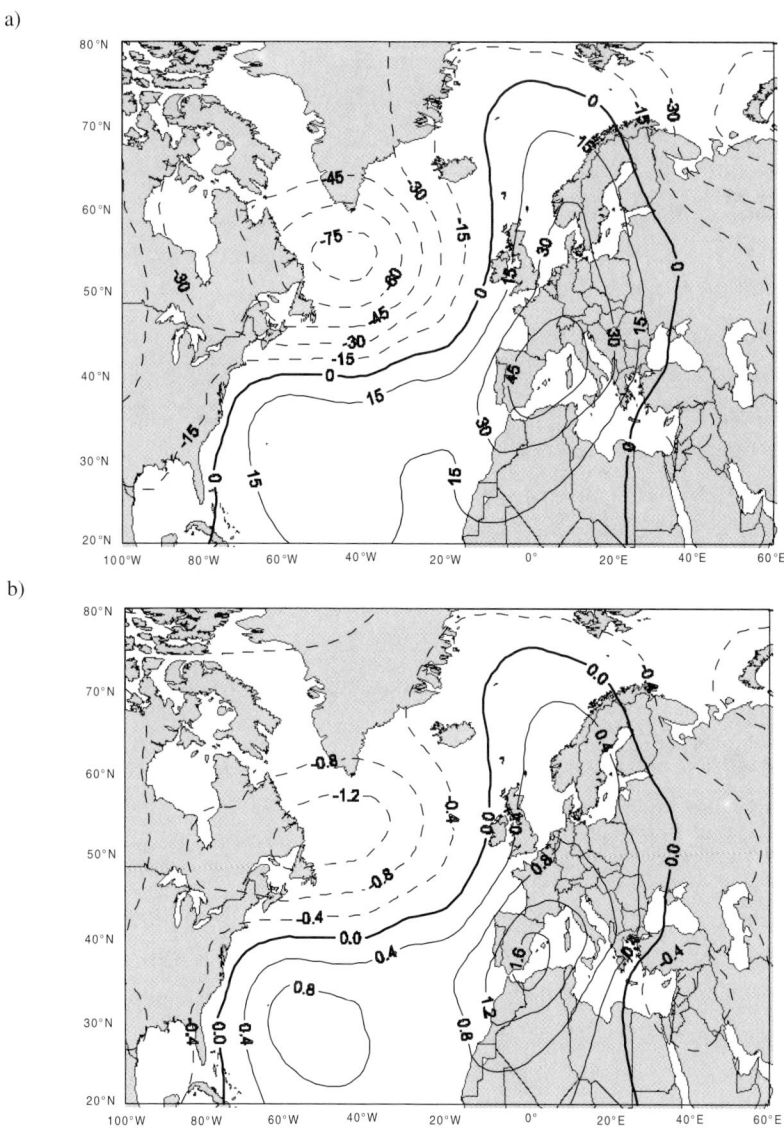

Abb. 6: Trend der Höhe des 500 hPa-Niveaus in den Wintermonaten der Periode 1949-1994, ausgedrückt in gpm (a) und das zugehörige Trend/Rauschverhältnis (b).

Die Lage des europäischen Troges bei etwa 20-40°E bleibt im Winter als Folge von Resonanzeffekten, die der ostamerikanische Trog auslöst, sowie durch die sporadische Bildung kontinentaler Kaltluftmassen über Rußland bedeutend variabler als die des ostamerikanischen Troges. Gemittelt über die 46-jährige Beobachtungsperiode kommt dies durch die geringe Intensität des Höhentroges zum Ausdruck. Das gleiche gilt für den Höhenrücken an der Westküste Europas, dessen Position durch die subtropische Warmluft bestimmt wird, die auf der Vorderseite des ostamerikanischen Höhentroges in den östlichen Nordatlantik und nach Westeuropa geführt wird. Diese großräumige Betrachtung veranschaulicht die bekannte Tatsache, daß das Zirkulationsgeschehen im euro-atlantischen Bereich ganz wesentlich durch die Intensität und Lage des ostamerikanischen Troges bestimmt wird.

Die zeitlichen Änderungen der Höhen der 500-hPa Geopotentiale im Zeitraum 1949-94 können durch Trendanalysen auf Regelhaftigkeiten untersucht werden. Für das mittlere Geopotentialfeld der Winter- und Sommermonate wurde für die Jahre 1949-94 für alle Gitterpunkte eine Trendanalyse nach der Methode der kleinsten Quadrate durchgeführt. Die Ergebnisse sind für die Wintermonate in Abb. 6a kartographisch dargestellt. Angegeben ist die Höhe in geopotentiellen Metern (gpm), um die sich die Geopotentialfläche im Ablauf des 46-jährigen Beobachtungszeitraums gemäß dem berechneten Trend verändert hat.

Das Trend/Rauschverhältnis, gebildet als Quotient aus dem Trendwert und der Standardabweichung, beschreibt das Verhältnis des regelhaften Trends zur regellosen Variation der Geopotentialwerte (Abb. 6b). Quotienten größer 1.0 entsprechen einer Signifikanz des Trends von 80 %, größer 2.0 von 95 % (Schönwiese et al.; 1993), wenn die Daten normalverteilt sind. Diese Bedingung ist für die Geopotentialwerte durchgängig erfüllt.

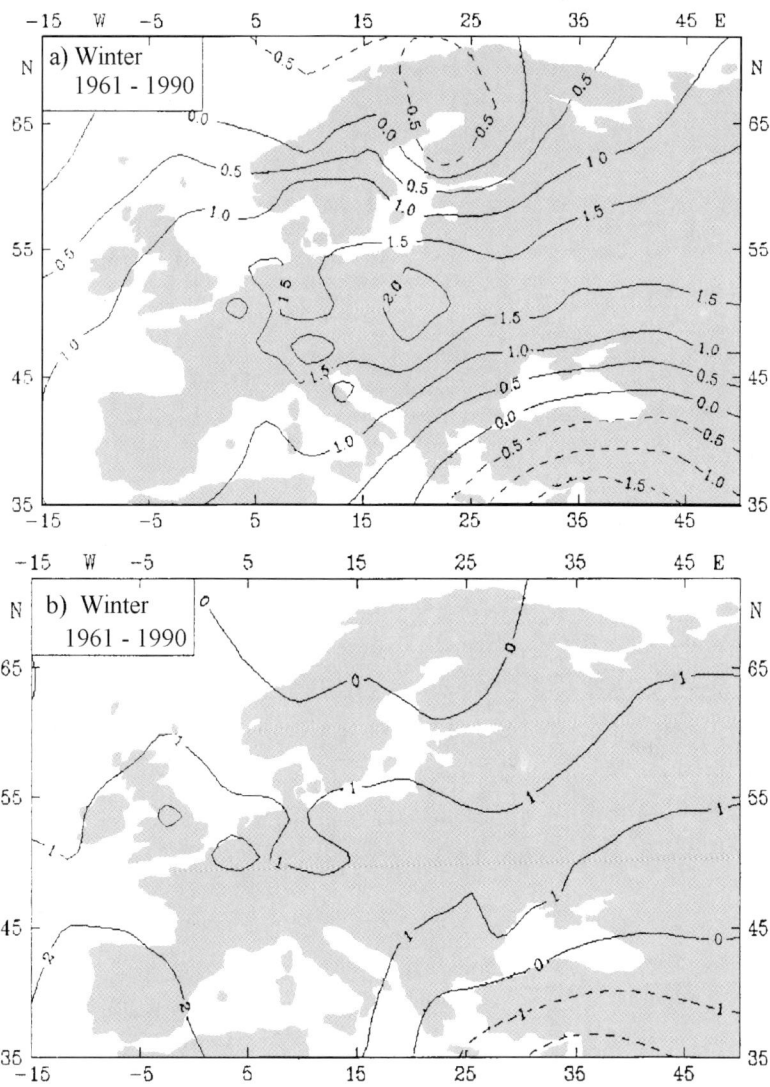

Abb. 7: Trend der Lufttemperatur für die Wintermonate (a) ausgedrückt in Grad Celsius, um die sich die Temperaturen im Zeitraum 1961-1990 änderten, sowie das zugehörige Trend/Rauschverhältnis (b) (Schönwiese et al., 1993).

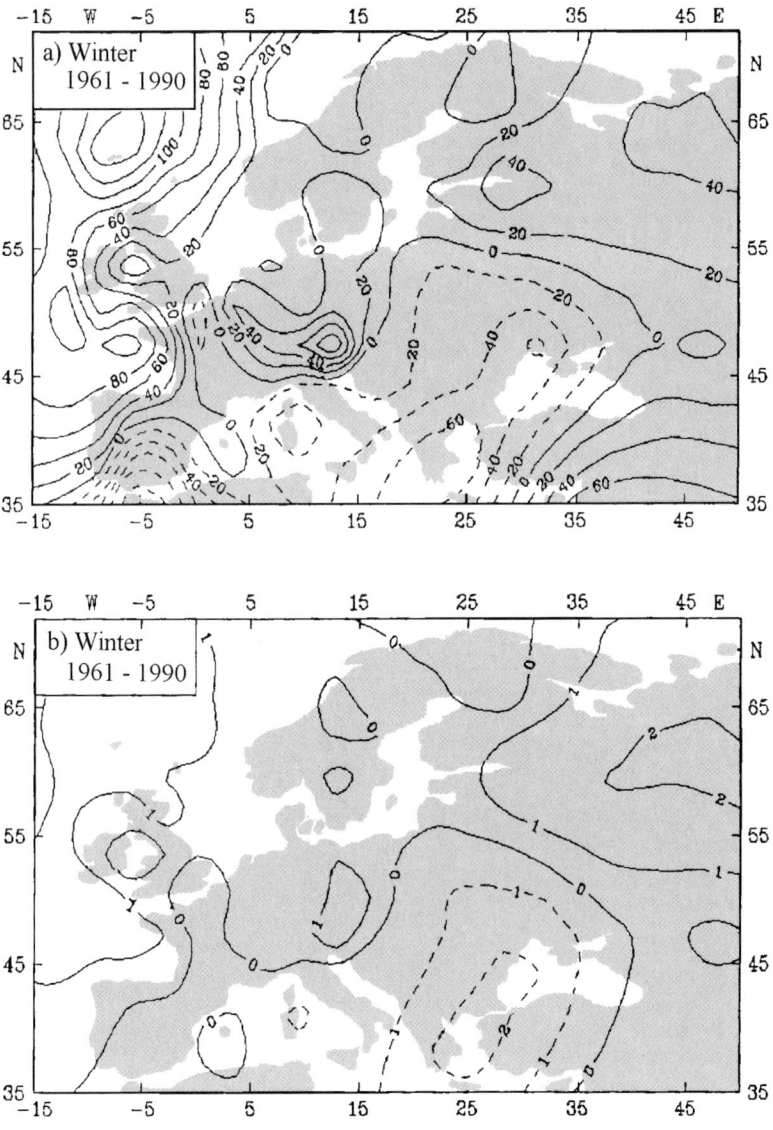

Abb. 8: Trend der Niederschlagssummen für die Wintermonate (a) ausgedrückt in Millimeter, um die sich die Niederschlagssummen im Zeitraum 1961-1990 änderten, sowie das zugehörige Trend/Rauschverhältnis (b) (Schönwiese et al.; 1993).

Der Bereich stärkster Höhenabnahme im Winter liegt südlich von Grönland, der mit größter Höhenzunahme westlich von Spanien (Abb. 6a). In beiden Bereichen sind die regelhaften Höhenänderung gegenüber dem Rauschen als signifikant anzusehen (Abb. 6b). Das bedeutet, daß sich der ostamerikanische Trog in den vergangenen 46 Jahren um über 70 Meter vertieft hat, der Höhenrücken über Westeuropa hingegen um über 50 Meter angestiegen ist. Der Höhenkontrast zwischen dem nordamerikanischen Trog und dem europäischen Höhenrücken hat sich also im Beobachtungszeitraum um etwa 120 Meter vergrößert. Das muß zu einer erheblichen Intensivierung und Positionsänderung der Frontalzone geführt haben.

Die Vertiefung des nordamerikanischen Höhentroges ist von einer Absenkung der winterlichen Meerestemperaturen im nordwestlichen Atlantik um bis zu 1.0° C im Zeitraum 1967-1989 begleitet (IPCC, 1990, vergl. auch Abb. 11e,f). Im Bereich des europäischen Höhentroges nahmen die winterlichen Lufttemperaturen in 2m Höhe um bis zu 2° C seit 1961 zu (Abb. 7a,b). Dabei reicht die Zone ansteigender Wintertemperaturen allerdings bis über den Ural und damit weit über den Bereich des sich intensivierenden Höhenrückens hinaus. Im östlichen Mittelmeer sind Rückgänge der Lufttemperatur um bis zu 1.5° C, im nördlichen Skandinavien um mehr als 0.5° C zu beobachten. In beiden Bereichen sanken die Geopotentiale deutlich ab (Abb. 6a).

Die Änderungen der Winterniederschläge zeigen ebenfalls einen direkten Zusammenhang zu den Veränderungen im Bereich des europäischen Höhenrückens (Abb. 8a,b). Die stärksten Niederschlagszunahmen erfolgten in der Zone zwischen dem sich intensivierenden europäischen Höhenrücken und dem sich ebenfalls intensivierenden nordamerikanischen Höhentrog, also in der Zone, in der eine Verstärkung der Frontalzone als Folge der Höhenänderungen der Geopotentiale erfolgt ist (vergl. auch Lamb, 1972, S. 295). Im westlichen Mittelmeer nahmen die Niederschlagssummen besonders im Bereich des sich intensivierenden Höhenrückens drastisch ab, während sie im östlichen Mittelmeer im Bereich des sich tendenziell intensivierenden europäischen Höhentroges zunahmen (Abb. 8a,b).

Die Höhenänderungen der Geopotentiale bleiben mit maximal 30 Metern in den Sommermonaten der Jahre 1949-1994 erheblich hinter denen der Wintermonate zurück (Abb. 9). Der ostamerikanische Höhentrog erfährt eine Extensivierung, der europäische Rücken und auch der europäische Trog hingegen eine Intensivierung. Durchgängig sinken die Geopotentiale in der Polarzone des euro-atlantischen Sektors ab. Der europäische Rücken dehnt sich in Richtung auf das Azorenhoch aus und der ostamerikanische Höhentrog verlagert sich tendenziell nach Osten (Abb. 9a,b).

Im Bereich des sich intensivierenden europäischen Höhenrückens nehmen die bodennahen Sommertemperaturen um über 1° C zu, im Bereich des sich ebenfalls tendenziell intensivierenden europäischen Höhentroges hingegen um etwa 0.5° C ab (ohne Abb.). Die stärksten Niederschlagszunahmen treten im Sommer westlich des europäischen Höhenrückens auf, während unter und westlich des Rückens starke Niederschlagsrückgänge zu beobachten sind. Der sich im Sommer schwach intensivierende europäische Höhentrog ist mit Niederschlagszunahmen verbunden, die über die 30-jährige Beobachtungsperiode etwa 60 mm betragen. Offensichtlich ist die Mediterranisierung des westeuropäischen Klimas, die besonders im letzten Jahrzehnt durch anhaltende sommerliche Schönwetterperioden zum Ausdruck kam, auf die Intensivierung des Höhenrückens über Westeuropa zurückzuführen.

Die Fluktuationen der Geopotentiale in den Wintermonaten der Jahre 1949-1994 sind für die Bereiche mit den höchsten Änderungsraten in Abb. 10 zusam-mengefaßt. Die Intensivierung des ostamerikanischen (Abb. 10a) und des ost-europäischen Troges (Abb. 10b) kommt durch das signifikante Absinken der Geopotentiale klar zum Ausdruck. Der Trend ist in beiden Fällen signifikant. Im Bereich des europäischen Höhenrückens steigen die Geopotentiale mehr oder weniger kontinuierlich im Ablauf der letzten 46 Jahre an (Abb. 10c). Der Trend ist

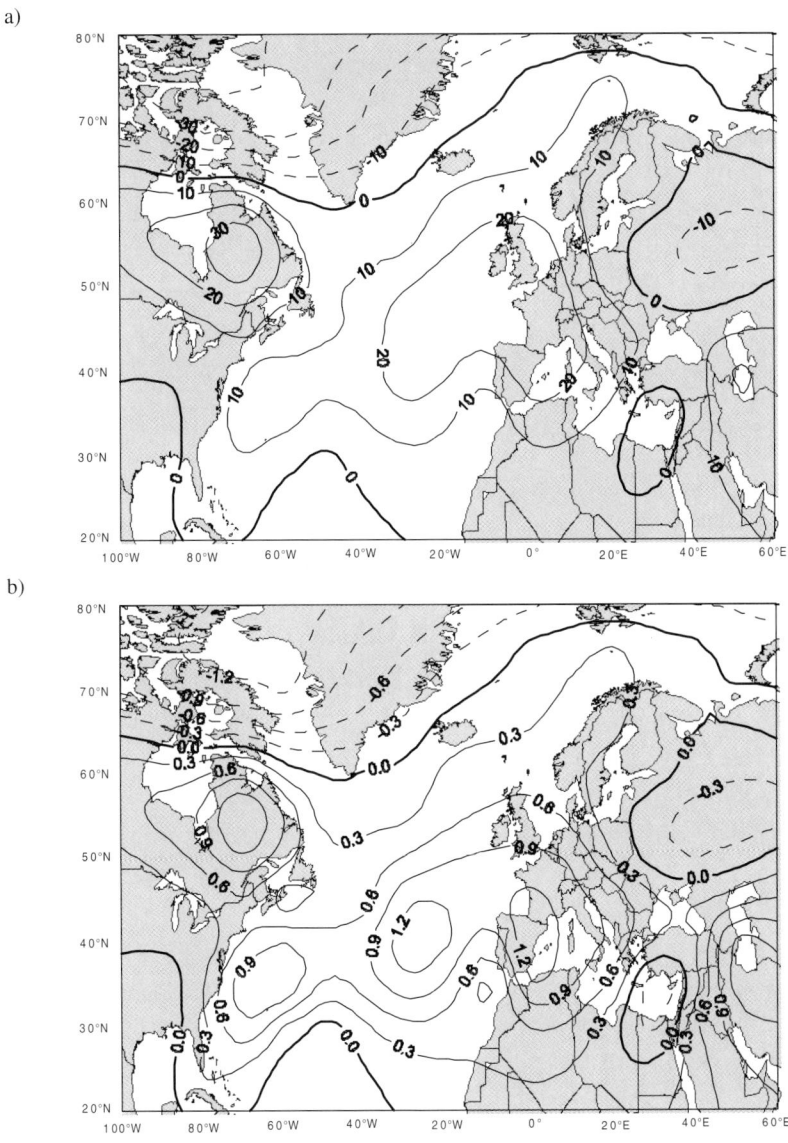

Abb. 9:Trend der Höhe des 500 hPa-Niveaus in den Sommermonaten der Periode 1949-1994 ausgedrückt in gpm (a) und das zugehörige Trend/Rauschverhältnis (b).

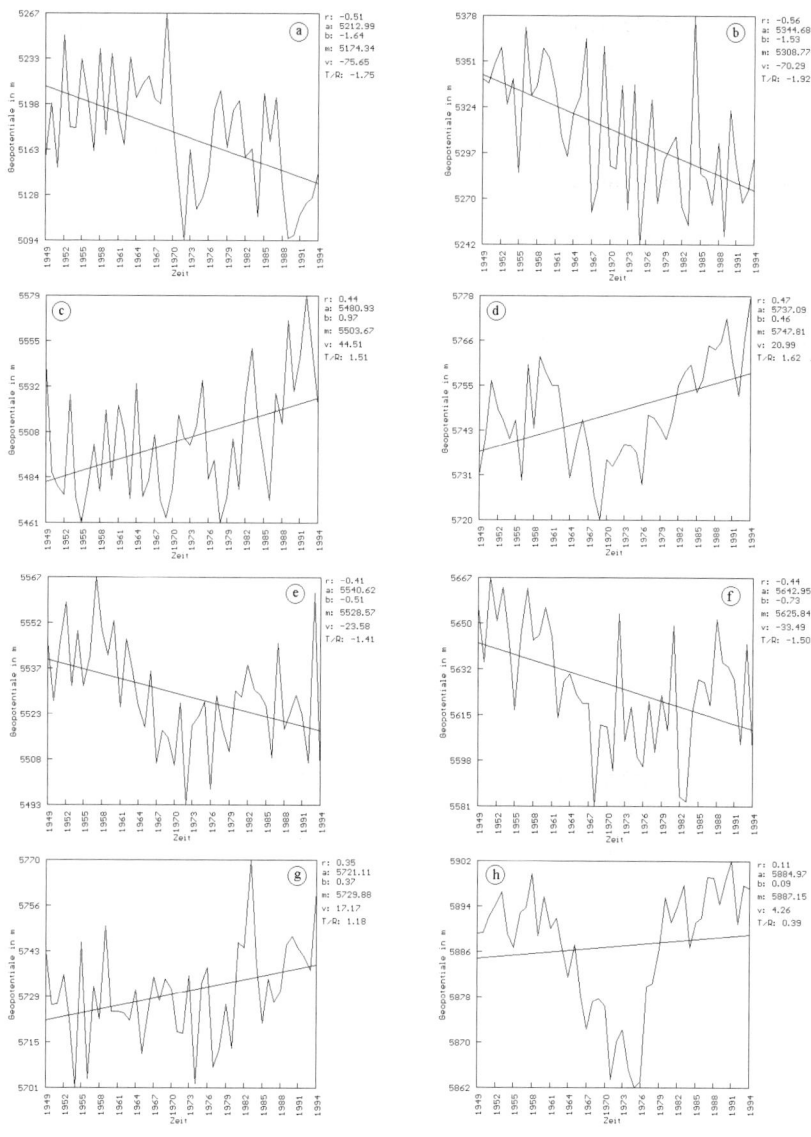

Abb. 10: Zeitreihen und Trendanalysen der mittleren Geopotentiale in den Wintermonaten (a-d) und in den Sommermonaten (e-h) für ausgesuchte Gitterpunkte in der Periode 1949-1994.

auch in diesem Falle signifikant. Das Gleiche gilt für die winterlichen Gebietsmittel der Geopotentiale des Subtropenraumes (Abb. 10d).

In den Sommermonaten sind die Änderungen der Gebietsmittel der Geopotentiale deutlich schwächer ausgeprägt, bleiben aber bis auf den subtropischen Bereich signifikant. In den Subtropen tritt an Stelle des sonst bestimmenden Trends eine quasiperiodische Fluktuation mit einer Periodenlänge in der Größenordnung von 30-35 Jahren, die an die Brückner-Periode erinnert (Schirmer et al., 1987). Der Beobachtungszeitraum ist zu kurz, um die Stationarität dieser periodischen Erscheinung bewerten zu können.

3.2 Verlagerungen der Frontalzone

Alle bisher beschriebenen Befunde nehmen Einfluß auf die Lage und die Intensität der Frontalzone im 500 hPa-Niveau. Um diese Veränderungen herauszuarbeiten, wurden die meridionalen Gradienten zwischen den Geopotentialen der Gitterpunkte bestimmt. Dazu wurden für den Zeitraum 1949-1994 für jeden Tag die meridionalen Gradienten aus der Differenz der meridional im 5°-Breitenabstand vorliegenden Geopotentialwerte berechnet. Diese wurden für die einzelnen Wintermonate zu Monatsmittelwerten zusammengefaßt.

Abb. 11a zeigt für die Wintermonate der Jahre 1949-1994 die räumliche Verbreitung der mittleren meridionalen Gradienten. Die höchsten Gradienten treten an der nordamerikanischen Ostküste auf. Die im Mittel zu beobachtende regelhafte Abnahme der Gradienten in Richtung Äquator wird im Bereich des Mittelmeerraumes durch eine Zunahme der Gradienten unterbrochen. Die Gradienten bleiben hier allerdings weit unter den Maximalwerten an der nordamerikanischen Ostküste. Im mediterranen Bereich bildet sich im Winter infolge der blockierenden Wirkung des euro-asiatischen Kältehochs nur ein Sekundärast der Haupt-

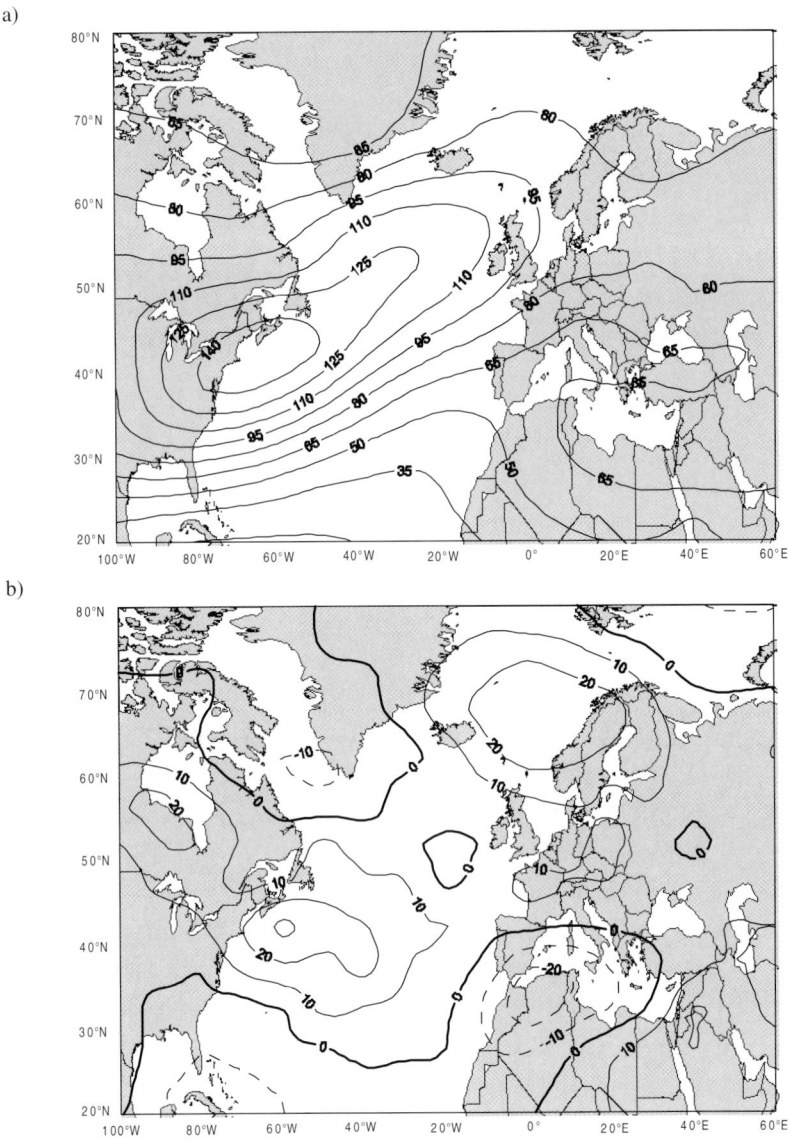

Abb. 11 a,b: Mittlere meridionale Gradienten für die Wintermonate der Periode 1949-1994 in gpm (a) sowie deren trendmäßige Änderung in der 46-jährigen Periode in gpm (b).

c)

d)

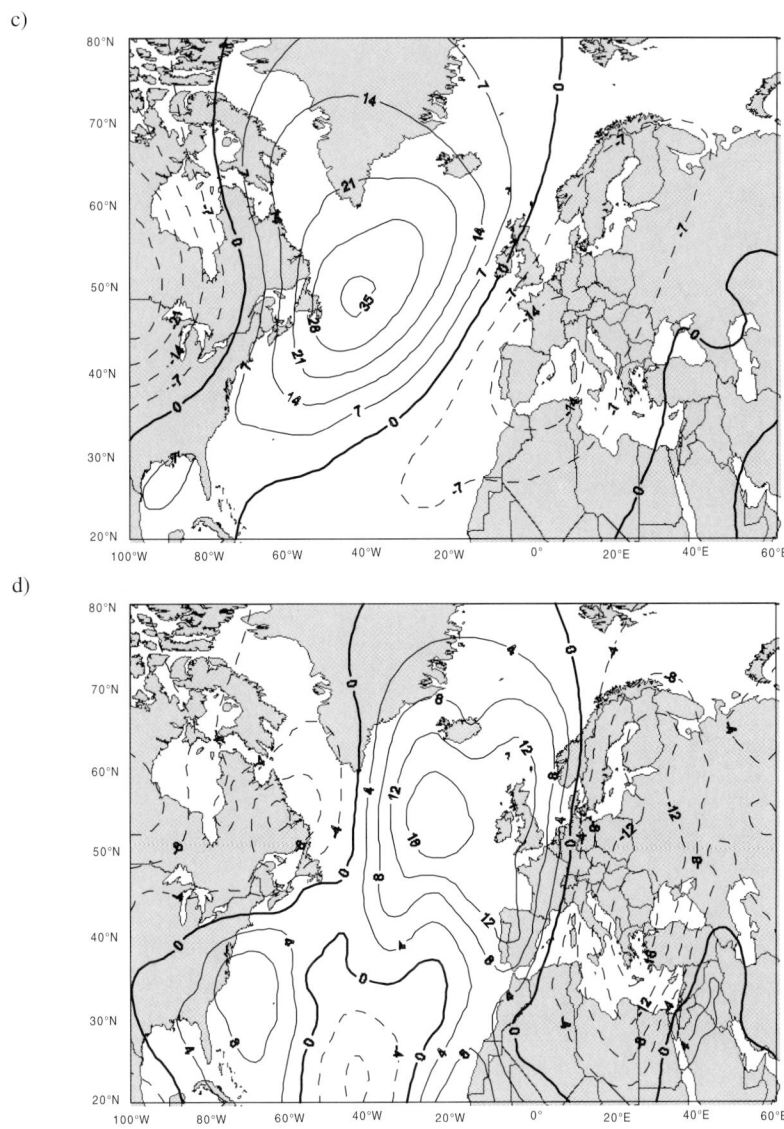

Abb. 11 c,d: Mittlere zonale Gradienten für die Wintermonate der Periode 1949-1994 in gpm (c) sowie deren trendmäßige Änderung in der 46-jährigen Periode in gpm (d).

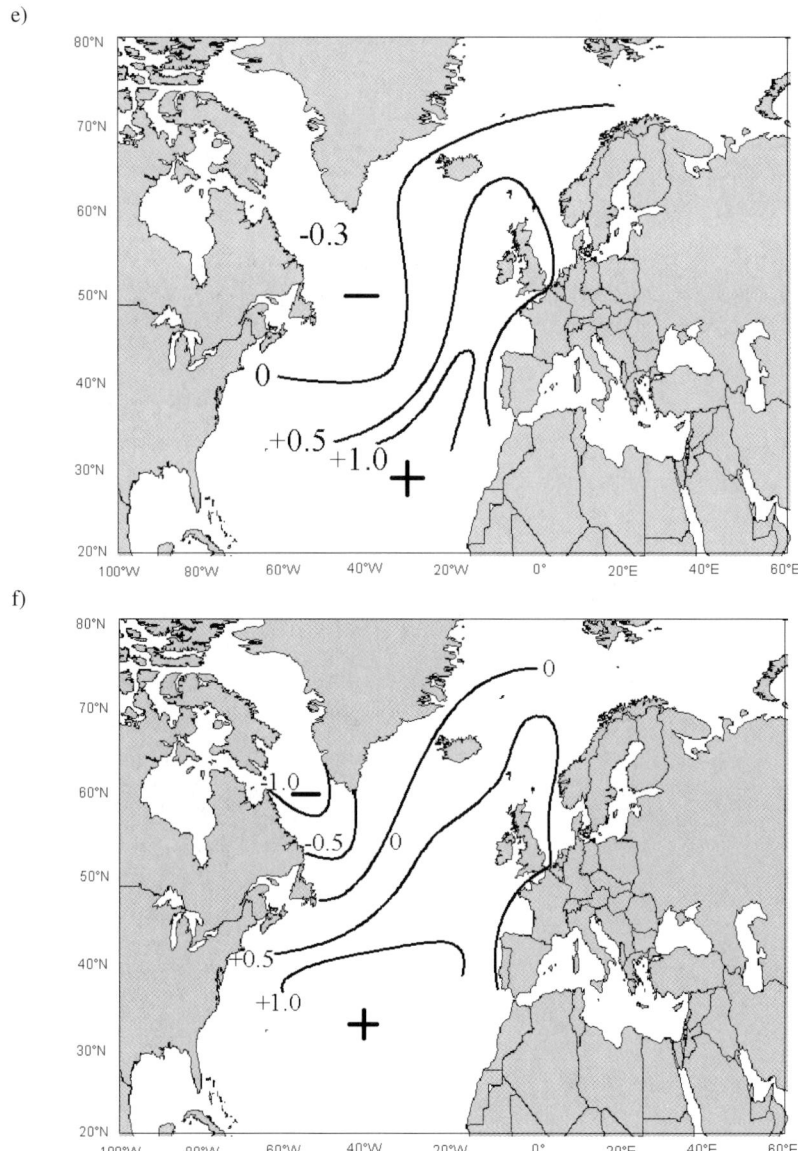

Abb. 11 e,f: Änderungen der Pentadenmittel 1973/77 und 1988/92 für die winterlichen (e) und sommerlichen (f) Oberflächentemperaturen des Atlantiks (Malberg und Frattesi, 1995).

frontalzone aus, der sich allerdings in den Gradienten der Geopotentiale auch im 46-jährigen Mittel noch deutlich abbildet.

Die mittlere Lage der Hauptfrontalzone tritt als Bereich maximaler Gradienten in Erscheinung und ist von etwa 80°W/40°N nach 0°/60°N gerichtet. Abb. 11b zeigt die Intensitätsänderung der Gradienten während der 46-jährigen Beobachtungsperiode in geopotentiellen Metern, gebildet durch die Berechnung der linearen Trendgleichung. Die Hauptfrontalzone intensivierte sich in dem Bereich höchster Gradienten und östlich davon sowie über dem östlichen Nordatlantik am stärksten. Ganz erheblich reduziert haben sich die Gradienten über dem westlichen Mittelmeer und im Bereich des Labradorstromes. Aus der Verteilung der Änderungsraten läßt sich eine Südverlagerung der Frontalzone im westlichen sowie zentralen und eine Nordverlagerung im östlichen Atlantik ablesen (Abb. 11b). Das führt insgesamt dazu, daß die frontalen Störungen über Westeuropa eine stärker südwest-nordost orientierte Zugrichtung aufweisen. Dadurch wird das westliche Mittelmeergebiet deutlich seltener von diesen Störungen beeinflußt.

Das Trend/Rauschverhältnis (ohne Abb.) bleibt im Bereich der nordamerikanischen Ostküste infolge der hohen Variabilität knapp unter 1.0, über dem westlichen Mittelmeer und über dem östlichen Nordatlantik kann aber durchgängig eine 80 %-ige Signifikanz nachgewiesen werden. Die Intensitätsänderungen der Frontalzone in diesen beiden Bereichen weisen folglich auf eine regelhafte und damit mit Einschränkungen vorhersagbare Gesetzmäßigkeit der Veränderung hin. Voraussetzung für die Prognose ist allerdings die Stationarität der Prozesse. Dieser Aspekt verdient infolge der noch zu diskutierenden anthropogenen Klimabeeinflussung besondere Beachtung.

Die mittleren Gradienten, die sich zwischen den Geopotentialen benachbarter Meridiane in den Wintermonaten ergeben (zonale Gradienten), vermitteln einen Eindruck über die Intensität der meridional gerichteten Höhenströmungen im euro-atlantischen Bereich. Über dem größten Teil des Atlantiks dominiert die südliche Richtungskomponente, wie durch die positiven zonalen Gradienten in Abb. 11c zum Ausdruck kommt. Über dem östlichen Nordamerika und West- und Mitteleuropa ist die nördliche Strömungsrichtung bestimmend (Abb. 11c). Insgesamt kennzeichnet das Muster der Gradienten zwischen den Meridianen durch negative Gradienten über dem östlichen Nordamerika die Nordströmung auf der Trogrückseite des ostamerikanischen Höhentroges und durch die positiven Gradienten über dem Atlantik die Südströmung auf der Vorderseite dieses Höhentroges. Die negativen Gradienten über West- und Mitteleuropa sind mit der Nordströmung auf der Trogrückseite des osteuropäischen Troges verbunden, während die negativen Gradienten über Osteuropa die Südströmung auf dessen Vorderseite charakterisieren.

Der Trend der zonalen Gradienten vermittelt einen Eindruck über die Verlagerungen, die der ostamerikanische und europäische Trog im Ablauf des Zeitraumes 1949-1994 vollzogen haben. Abb. 11d zeigt die Änderungsraten in geopotentiellen Metern für diesen Zeitraum. Besonders im Bereich der Konvergenz von Labrador- und Golfstrom hat sich die Rückseitenströmung des ostamerikanische Höhentroges deutlich nach Osten ausgeweitet, wie durch den Vergleich der Nullinien in Abb. 11c und 11d zu erkennen ist. Deutlich weiträumiger ist allerdings die Ostverlagerung der Südströmung auf der Vorderseite des ostamerikanischen Höhentroges. Dadurch sind in den Wintermonaten weite Teile Westeuropas anhaltend in den Einflußbereich der Südströmung gelangt, wie bereits anhand der Großwetterlagenhäufigkeiten gezeigt werden konnte. Als Folge der Ostverlagerung des ostamerikanischen Höhentroges wird auch der osteuropäische Höhentrog weiter nach Osten abgedrängt. Insbesondere bildet sich der Höhenrücken zwischen diesen beiden Höhentrögen nicht mehr auf dem Atlantik, sondern zunehmend häufiger über Westeuropa aus.

Die Verlagerung der Trogrückseite in den Bereich der Konvergenz zwischen Golf- und Labradorstrom wurde bereits an anderer Stelle mit langfristigen Änderungen der Ozeanoberflächentemperaturen in diesem Bereich in Zusammenhang gebracht. Abb. 11e zeigt die Änderungen der Pentadenmittel 1973/77 und 1988/92 für die winterlichen Oberflächentemperaturen des Atlantiks (Malberg und Frattesi, 1995). Es zeigt sich, daß tatsächlich in den vergangenen zwei Jahrzehnten die Ozeanoberflächentemperaturen im Konvergenzbereich von Golf- und Labradorstrom im Winter abgenommen haben. Gleichzeitig nahmen die Temperaturen im östlichen Atlantik signifikant zu. Über dem Bereich positiver Anomalien der Oberflächentemperaturen verlagerte sich die Trogvorderseite des ostamerikanischen Höhentroges nach Osten, wie der Vergleich von Abb. 11d und 11e zeigt. Bezieht man Abb. 6a in den Vergleich mit ein, so wird deutlich, daß der sich besonders in den letzten beiden Jahrzehnten kräftig entwickelnde Höhenrücken über Westeuropa östlich der Zone mit den höchsten positiven Ozeanoberflächentemperaturänderungen liegt, während die Zone mit signifikant absinkenden Geopotentialen über und östlich des Bereichs mit abnehmenden Temperaturen zu finden ist.

Die Ursache für die räumliche Koinzidenz von positiven bzw. negativen Ozeanoberflächentemperaturen und den östlich davon auftretenden Höhenrücken bzw. Höhentrögen läßt sich folgendermaßen erklären: Im Bereich positiver Ozeantemperaturanomalien erfolgt solange ein intensiver Wärmetransport vom Ozean in die Atmosphäre, wie sich Luftmassen über dem Anomaliegebiet befinden, deren Temperaturen deutlich unter denen der Ozeanoberfläche liegen. Die dabei aufgenommene latente Wärme, die ebenfalls mit steigender Differenz zwischen Ozeanoberflächentemperatur und Lufttemperatur ansteigt, nimmt erst nach der Kondensation, die oft weit stromab der Anomaliegebiete erfolgt, Einfluß auf die Lufttemperatur und demzufolge auf die 500 hPa-Geopotentiale. Bei vorherrschenden Westwinden bildet sich der Höhenrücken folglich östlich der positiven Ozeantemperaturanomalie aus. Im Falle negativer Ozeanoberflächentemperaturanomalien wird den Luftmassen überdurchschnittlich stark Wärme entzogen. Ein Absinken der Geopotentiale stromab der Anomalie ist die Folge, wie Ratcliffe und Murray (1970) für das Bodendruckfeld und Orlemans (1975) für die Großwetterlagen Europas und die mit diesen verbundenen Höhentröge und Höhenrücken zeigen konnten.

Da der Wärmeaustausch zwischen Ozean und Atmosphäre mit wachsender Temperaturdifferenz zwischen der Ozean- und der Lufttemperatur steigt, ist das Raummuster und die jahreszeitliche Dynamik dieser Differenzen für die Zirkulationsdynamik bedeutsam. Im Bereich der negativen Ozeanoberflächentemperaturanomalien südwestlich von Grönland sind die Wassertemperaturen im Winter im Mittel um 3-3.5° C höher als die Lufttemperaturen, im Sommer ist hingegen die Lufttemperatur meist gleich der Wassertemperatur, liegt aber oft auch knapp über dieser (Malberg und Frattesi, 1995). Das läßt auf eine große Wirkung der Anomalien in den Wintermonaten und eine geringe oder keine Wirkung in den Sommermonaten schließen.

Die Frage, ob im Falle langfristiger Verlagerungen der steuernden Zentren zuerst die Ozeantemperaturänderungen oder die Zirkulationsänderungen erfolgen, konnte zu Gunsten der Zirkulationsänderungen entschieden werden (Hupfer, 1988). Durch eine Ostverlagerung und Intensivierung des ostamerikanischen Höhentroges erfolgt eine Intensivierung des Islandtiefs in einer gegenüber dem Mittel östlicheren Position. Die intensivierte zyklonale Strömung im Bereich der Westflanke des Islandtiefs verstärkt den Labradorstrom sowie den Ostgrönlandstrom und führt arktische Luftmassen über und westlich von Grönland nach Süden.

An der Ostflanke des intensivierten Islandtiefs werden andererseits subtropische Luftmassen im Bereich des östlichen Atlantiks und Westeuropas weit polwärts geführt. Diese intensivierte Südströmung verstärkt die Nordatlantikdrift des Golfstromes und dessen Ausläufer ins Nordmeer.

Als Folge dieser Dynamik bilden sich negative Temperaturanomalien im Ozeanbereich südwestlich von Grönland und positive im östlichen Atlantik, die wiederum die Zirkulationsstruktur, durch die sie verursacht wurden, längerfristig fixieren. Dies gilt ganz besonders für Anomaliemuster der Ozeantemperaturen, die sich in den Sommermonaten ausbilden, da diese erst durch die tiefgründige

Durchmischung beim Auftreten der Herbststürme, die kaltes Tiefenwasser an die Ozeanoberfläche bringt, aufgelöst werden.

In den Sommermonaten nimmt die Frontalzone im langjährigen Mittel eine deutlich breitenkreisparallelere Position ein als im Winter (Abb. 12a). Sie ist von 40°W/50°N nach 20°E/55°N orientiert, reicht also, anders als im Winter, wenn das euro-asiatische Kältehoch die zonale Richtung blockiert, weit in den europäischen Kontinent hinein. Gegenüber dem Winter nehmen die maximalen Gradienten um 30-40 geopotentielle Meter ab. Zugleich wandert die Zone maximaler Gradienten um 10 Breitengrade nach Norden und um 30 Längengrade nach Osten.

Die Gradienten haben im 46-jährigen Beobachtungszeitraum äquatorwärts der Frontalzone ab- und polwärts der Frontalzone zugenommen (Abb. 12b). Über dem nördlichen West- und Mitteleuropa und über dem östlichen Nordamerika intensivierte sich die Frontalzone dabei gleichzeitig. Gegenüber ihrer mittleren Position hat sich die Frontalzone im gesamten euro-atlantischen Sektor polwärts verlagert. 80 %-signifikant sind diese Änderungen gemäß dem Trend/Rauschverhältnis im nordöstlichen Nordamerika, über und westlich von Florida sowie im westlichen Mittelmeer (ohne Abb.). Die hohen Änderungsraten über dem westlichen Nordeuropa bleiben etwas unter diesem Signifikanzniveau, da die natürliche Variabilität in dieser Zone besonders groß ist.

Die geographischen Breiten, in denen die größten meridionalen Gradienten im langjährigen Mittel in den Winter- und Sommermonaten auftreten, sind in Abb. 13a dargestellt. In dieser Darstellungsform treten der ostamerikanische und der osteuropäische Trog sowie der westeuropäische Rücken sehr deutlich in Erscheinung. Die sommerliche Verlagerung des ostamerikanischen Troges um etwa 20 Längengrade ist ebenfalls gut erkennbar.

a)

b)

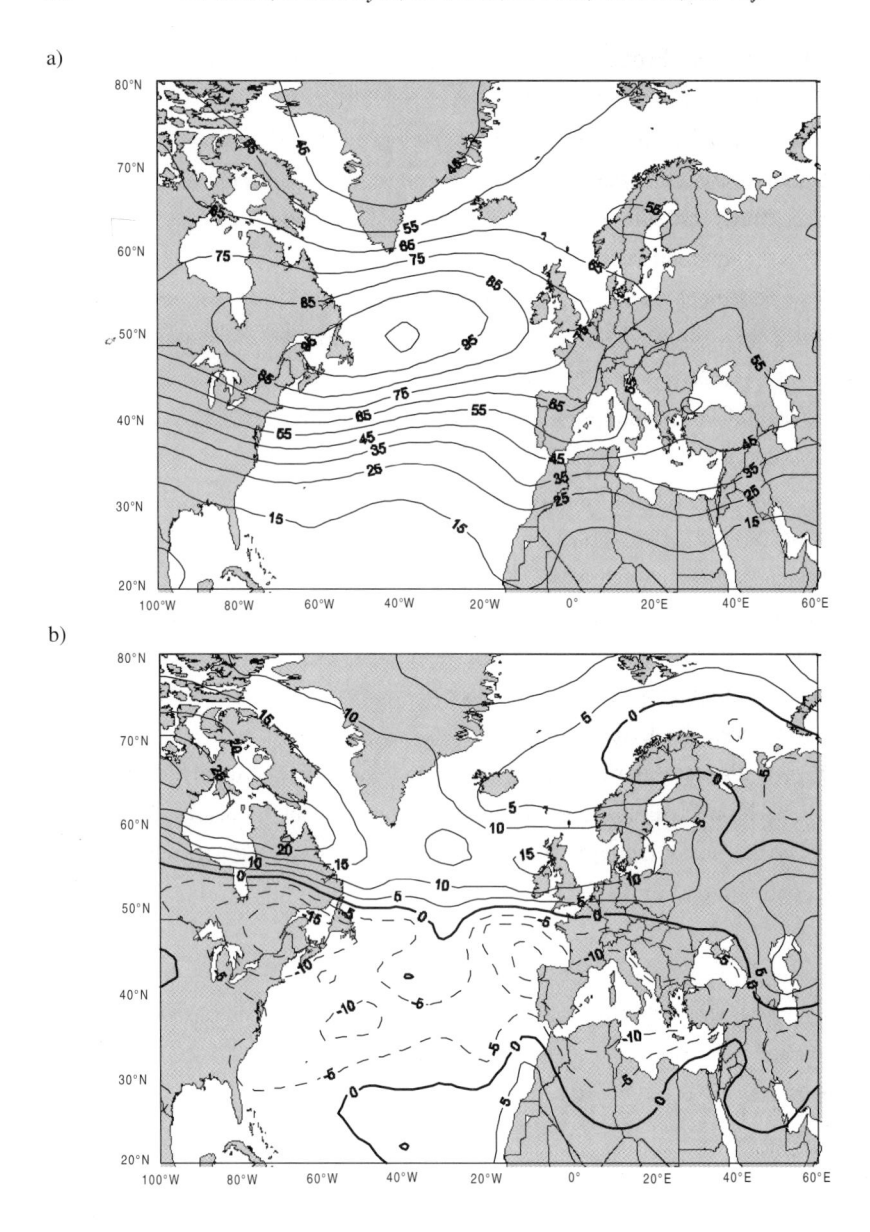

Abb. 12: Mittlere meridionale Gradienten für die Sommermonate der Periode 1949-1994 in gpm (a) sowie deren trendmäßige Änderung in der 46-jährigen Periode in gpm (b).

Die Verlagerung der Frontalzone in den Winter- und Sommermonaten der Jahre 1949-1994 ist in Abb. 13b zusammengefaßt. Die ostwärtige Verlagerung des ostamerkanischen Höhentroges sowie die Intensivierung des europäischen Rükkens in einer etwas östlicheren Position tritt markant in den Wintermonaten hervor. Im Sommer hat die Intensität des ostamerikanischen Höhentroges etwas abgenommen, während sich der europäische Höhenrücken ebenso wie der osteuropäische Höhentrog leicht intensivierten. Insgesamt bleiben die sommerlichen Änderungen im Bereich der Frontalzone deutlich hinter denen der Wintermonate zurück. Insbesondere weist die Struktur der längenabhängigen Änderungen im Winter eher auf eine systematische Verlagerung der Frontalzone hin als in den Sommermonaten.

Die Vertiefung des ostamerikanischen Troges im Winter und die Intensivierung des europäischen Rückens im Winter lassen vermuten, daß sich die Differenzen zwischen den Geopotentialen der Winter- und Sommermonate in den letzten Jahrzehnten ebenfalls deutlich verändert haben. Abb. 14a zeigt die mittleren Änderungen der Geopotentiale zwischen den Sommer- und Wintermonaten. Die größten mittleren Änderungen erfolgen in hohen, die geringsten in niederen Breiten. Auffällig ist das starke polwärtige Ausscheren der Linien gleicher Sommer-Winter-Höhendifferenz aus dem sonst dominierenden zonalen Verlauf im Bereich des westeuropäischen Rückens. Hier treten, gemessen am Breitenmittel, die geringsten jahreszeitlichen Höhenänderungen als Folge des Golfstromeinflusses auf.

Abb. 14b zeigt die Änderungen der Sommer-Winter-Höhendifferenzen in den Jahren von 1949-1994. Die Differenzen sind im Bereich des ostamerikanischen Höhentroges weitflächig angestiegen, im Bereich des westeuropäischen Rückens hingegen deutlich geringer geworden. Über Osteuropa sind die Höhendifferenzen leicht angestiegen. Die Änderungen im Bereich des ostamerikanischen Troges und des europäischen Rückens sind hochsignifikant unter Berücksichtigung des Trend/Rauschverhältnisses (ohne Abb.). Auch die vergleichsweise geringen Änderungen im Nahen Osten erweisen sich als signifikant.

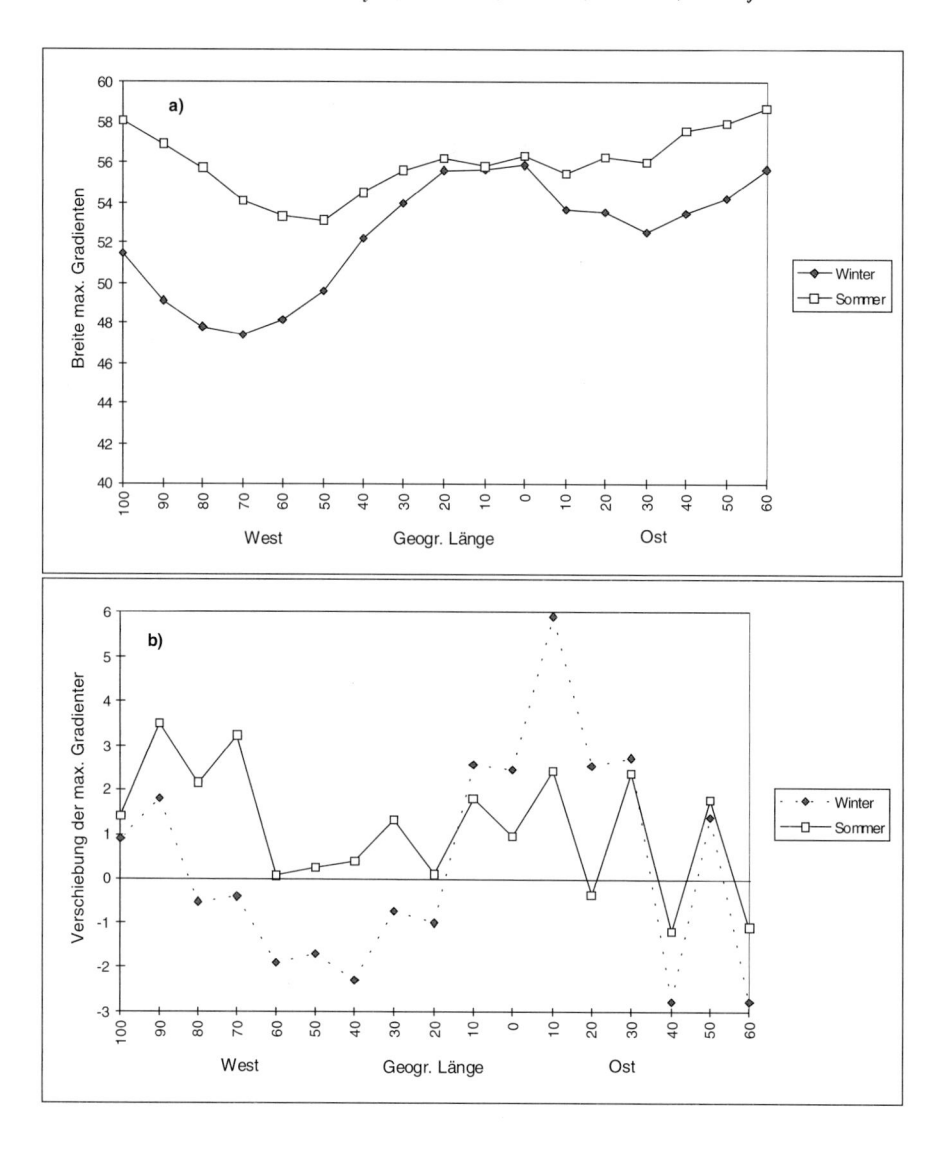

Abb. 13: Lage der maximalen Gradienten im langjährigen Mittel der Winter- und Sommermonate in Abhängigkeit von der geographischen Länge und Breite ihres Auftretens (a). Verlagerung der Zone maximaler meridionaler Gradienten (Frontalzone) in den Winter- und Sommermonaten in Breitengraden während der Jahre 1949-1994

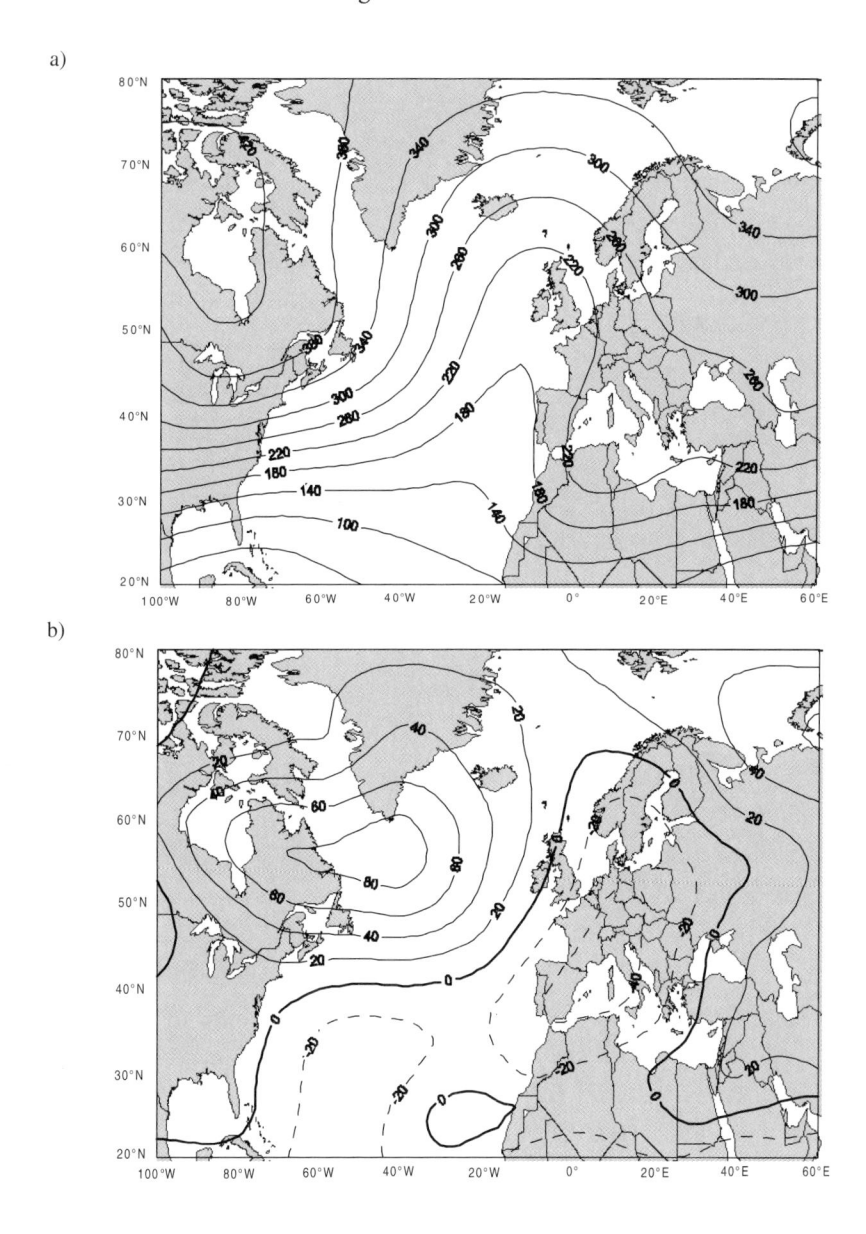

Abb. 14: Mittlere Änderung der Geopotentiale zwischen den Sommer- und Wintermonaten in gpm (a) und Änderungen der Sommer-Winter-Höhendifferenzen (b) in den Jahren 1949-1994.

Soweit dies aus der Struktur der Geopotentiale des 500 hPa-Niveaus abzulesen ist, sind die Witterungsbedingungen in West- und Mitteleuropa ozeanischer geworden. Das kommt durch die Abnahme der Jahresamplitude der 500 hPa-Geopotentiale deutlich zum Ausdruck. In diesem Zusammenhang ist daran zu erinnern, daß die Höhe der Geopotentiale erstrangig durch die Lufttemperatur in der Luftschicht unterhalb der 500 hPa-Geopotentialfläche bestimmt wird. Aus den abnehmenden jahreszeitlichen Variationen der 500 hPa-Geopotentialfläche im Bereich des europäischen Höhenrückens ist daher mittelbar auf eine Abnahme der jahreszeitlichen Temperaturamplitude in der rund 5500 Meter mächtigen Schicht unterhalb des Höhenrückens zu schliessen. Pro 20 gpm Höhenänderung kann eine Änderung der Schichtmitteltemperatur um ein Kelvin angenommen werden. Das bedeutet, daß sich die Jahresamplitude der Schichtmitteltemperatur im Bereich des westeuropäischen Höhenrückens um etwa zwei Kelvin in der 46-jährigen Untersuchungsperiode vermindert hat.

3.3 Häufigkeitsänderungen extremer Wettererscheinungen

Wiederholt konnte gezeigt werden (Dronia, 1991; Stein und Hense 1994; Franke, 1994), daß die Häufigkeit extremer Wetterereignisse im europäisch-atlantischen Bereich in den vergangenen Jahrzehnten zugenommen hat. Eine derartige Entwicklung sollte auch in den Geopotentialen zum Ausdruck kommen. Um dies zu prüfen, wurden die täglich berechneten meridionalen Gradienten nach Häufigkeitsklassen für die Zeiträume 1949-71 und 1972-94 ausgezählt. Für ausgewählte geogr. Längen zeigt Abb. 15 die Häufigkeitsverteilungen. In 60°W und 20°W hat die Häufigkeit hoher Gradienten an den Tagen der Wintermonate deutlich zugenommen. Es fällt auf (Abb. 15a,b), daß ab 1972 Klassen mit extrem hohen Gradienten belegt sind. Dies gilt ferner für die Häufigkeitsverteilung in 10°E, aber nicht mehr für die in 60°E. Das bedeutet, daß sich die Zahl von Extremereignissen in den Wintermonaten, soweit sie mit extremen Gradienten im Bereich der Frontalzone verbunden sind, in den letzten 20 Jahren deutlich erhöht hat.

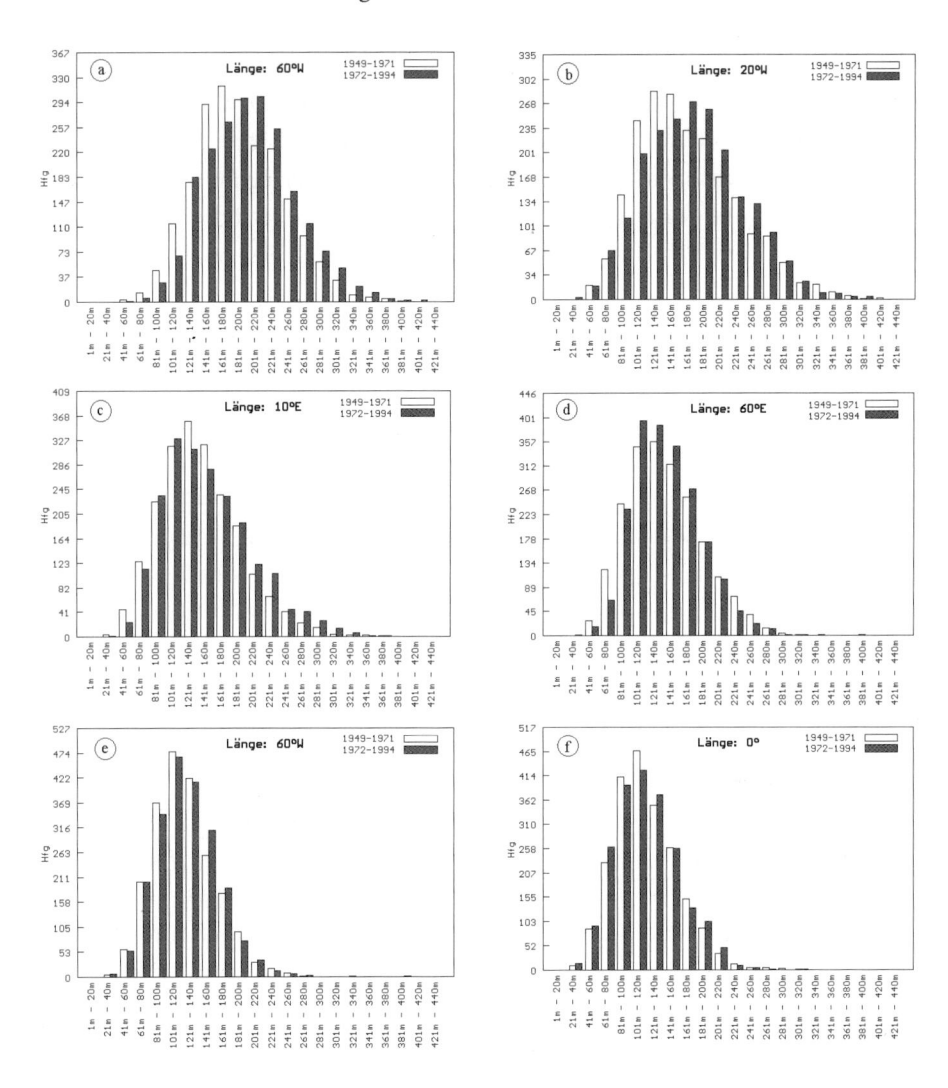

Abb. 15: Häufigkeitsverteilungen der maximalen meridionalen 500 hPa-Geopotentialgradienten für die Zeiträume 1949-1971 und 1972-1994 für ausgewählte geographische Längen in den Wintermonaten (a-d) und den Sommermonaten (e,f).

In 60°W ist diese Erscheinung in den Sommermonaten kaum zu beobachten, stärker aber in 0° Länge (Abb. 15e,f). Die Häufigkeitsanalyse der Gradienten der Geopotentiale bestätigt also die Beobachtung, daß die Häufigkeit extremer Wetterereignisse, die im Boden- und Höhendruckfeld durch extreme Gradienten erkennbar sind, angestiegen ist.

3.4 Häufigkeitsänderungen der täglichen Höhentrogpositionen

Extreme Gradienten sind in aller Regel mit einer Verlagerung der Trogposition während der Andauer des Extremereignisses verbunden. Durch Mittelbildung ist kein Aufschluß über die Trogposition bei Extremereignissen zu erhalten. Besser geeignet ist eine Häufigkeitsanalyse der täglichen Trogpositionen. Diese können in erster Näherung in der geographischen Länge angenommen werden, in der die Summe der Geopotentiale des 500 hPa-Niveaus über alle Breiten entlang dem entsprechenden Längenkreis im Vergleich zu allen übrigen geographischen Längen minimal wird (Minimumverfahren). Das äquatorwärtige Ausscheren eines Troges bedingt, daß geringe Geopotentialwerte auf dem entsprechenden Längenkreis dominieren, beim polwärtigen Vorstoß von Höhenrücken sind hingegen hohe Geopotentialwerte auf dem entsprechenden Längenkreis bestimmend. Berücksichtigt wird neben dem primären auch das sekundäre auf die gleiche Art gebildete Minimum, da im euro-atlantischen Raum in der Regel zwei Höhentröge ausgebildet sind.

Bei Blockinglagen kann dieses Verfahren allerdings zu Fehlbewertungen führen. Deshalb wurde ein zweites Verfahren zur Bestimmung der täglichen Trogpositionen entwickelt. Die Frontalzone ist definitionsgemäß die Zone maximaler Geopotentialgradienten. Im Bereich der Tröge verlagert sich die Zone maximaler Gradienten äquatorwärts. Die geographische Länge, in der die Zone maximaler Gradienten ihre äquatorwärtigste Position gegenüber den angrenzenden geographischen Längen erreicht, kennzeichnet folglich die Position eines Höhentroges

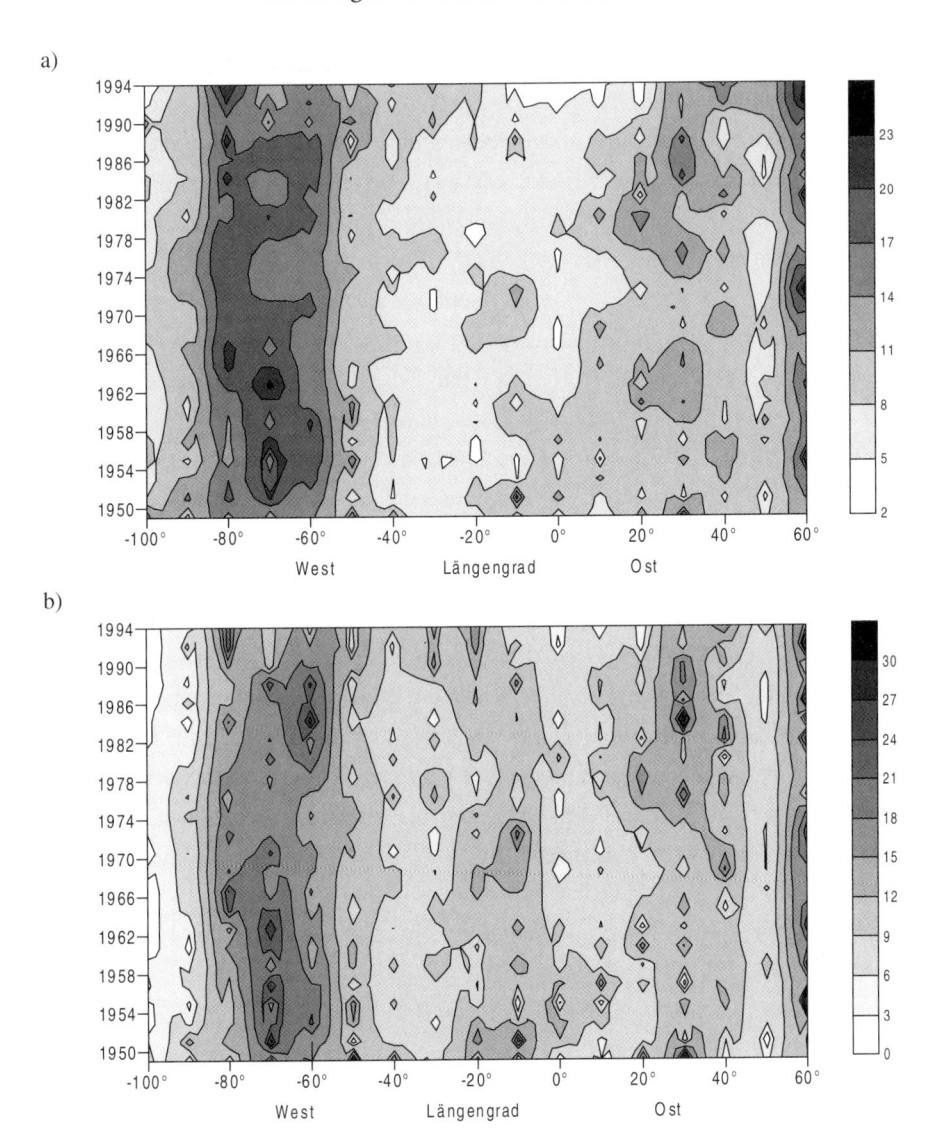

Abb. 16: Absolute Häufigkeiten der mit dem Minimumverfahren bestimmten winterlichen (a) und sommerlichen (b) Troghäufigkeiten im 500 hPa-Niveau in Abhängigkeit zur geographischen Länge für den Zeitraum 1949-1994.

(Gradientverfahren). Bei diesem Verfahren sind keine Annahmen über die Anzahl der Tröge erforderlich. Entscheidungsprobleme treten aber am Rand des Untersuchungsraumes auf, da hier keine Information über den weiteren Verlauf der Frontalzone im Bereich der angrenzenden Längenkreise vorliegt.

Die Häufigkeitsverteilung der täglichen Trogpositionen wurde anhand beider Verfahren für die Sommer- und Wintermonate der Jahre 1949-1994 bestimmt. Es zeigten sich weder signifikante quantitative noch systematische Unterschiede zwischen den Ergebnissen. Abb. 16a zeigt die absoluten Häufigkeiten der mit dem Minimumverfahren bestimmten winterlichen Troghäufigkeiten im 500 hPa-Niveau in Abhängigkeit zur geographischen Länge für den Beobachtungszeitraum. Die Genauigkeit der geographischen Längen der Trogpositionen ist durch den Datensatz auf 10° begrenzt.

Als generelle Tendenz ist eine Verlagerung der Position des europäischen Troges nach Osten zu beobachten. Diese Verlagerung ist tendenziell begleitet von einer Ostverlagerung des Troges bei 80°W in den letzten 20 Jahren. Ursache dafür können die bereits erwähnten Ozeantemperaturanomalien im nordwestlichen Atlantik sein. Diese können insbesondere die Ostverlagerung des ostamerikanischen Troges und die gleichzeitige Ostverlagerung des osteuropäischen Höhentroges als Folge von Resonanzeffekten erklären.

Abb. 17 zeigt die Zeitreihen der Häufigkeitsänderungen der Trogpositionen in Abhängigkeit zur geographischen Länge im Winter bestimmt nach der Minimummethode. In 70°W und 60°W nehmen die Häufigkeiten tendenziell ab, von 40°W - 30°W hingegen zu. Korrelationskoeffizienten größer |0.3| signalisieren eine 95 %-ige Signifikanz. Diese wird in 30°W und 40°W erreicht. Zwischen 20°W -20°E werden die Regressionskoeffizienten Null oder negativ, zwischen 30°E - 60°E hingegen positiv. Dabei zeigt der Trend der Häufigkeitsabnahmen in 0° und 10°E eine 99 %-Signifikanz, während die Häufigkeitszunahmen östlich von 30°E deutlich unter dem 95 %-Signifikanzniveau bleiben. Auch das

Trend/Rauschverhältnis übersteigt sowohl im Meridionalsektor 30°W - 40°W wie auch in dem zwischen 0° - 10°E die Grenze des 80 %-Signifikanzniveau.

Für das Wettergeschehen in Westeuropa bedeuten diese Verlagerungen der Trogpositionen, daß als Folge der signifikanten Häufigkeitsabnahme der Tröge in 0° und 10°E die Zahl der Nordströmungen, die auf der Rückseite der Tröge in diesen Positionen auftreten, abgenommen hat. Die signifikante Zunahme der Troghäufigkeiten in 40°W und 30°W impliziert einen Häufigkeitsanstieg der West- und Südweststromungen über Westeuropa im Winter, die auf der Vorderseite dieser Tröge warme Luftmassen heranführen. Die Folgen für die mittleren Wintertemperaturen und mittleren Niederschlagsbedingungen in Europa wurden bereits in Abb. 7 und Abb. 8 beschrieben.

In den Sommermonaten nimmt die Zahl der Tröge im Vergleich zu den Wintermonaten zu (Abb. 16b, 18), ihre Intensität allerdings drastisch ab. Auch im Sommer ist tendenziell eine Ostverlagerung des ostamerikanischen Troges ausgebildet, allerdings schwächer und weniger deutlich als im Winter. Die Zeitreihen der Häufigkeiten zeigen, daß in 70°W die Troghäufigkeiten hochsignifikant abnehmen, in 60°W und 50°W hingegen tendenziell ansteigen.

Von 10°W bis 20°E nehmen die Häufigkeiten ab oder bleiben näherungsweise gleich, während sie zwischen 30°E-50°E ansteigen. Nur bei 30°E ist dieser ansteigende Trend signifikant. Tendenziell ist aus den Häufigkeitsänderungen der Trogpositionen auch in den Sommermonaten eine Häufigkeitsabnahme der Trogrückseiten-Nordströmungen über Westeuropa als Folge der Häufigkeitsabnahme von Trögen in 10°W-20°E und eine Zunahme der Trogvorderseiten-Südweststromungen in Verbindung mit der Häufigkeitszunahme der Tröge bei 60°W und 50°W abzuleiten. Diese Erscheinungen sind aber im Vergleich zu den Wintermonaten insgesamt weniger deutlich ausgeprägt.

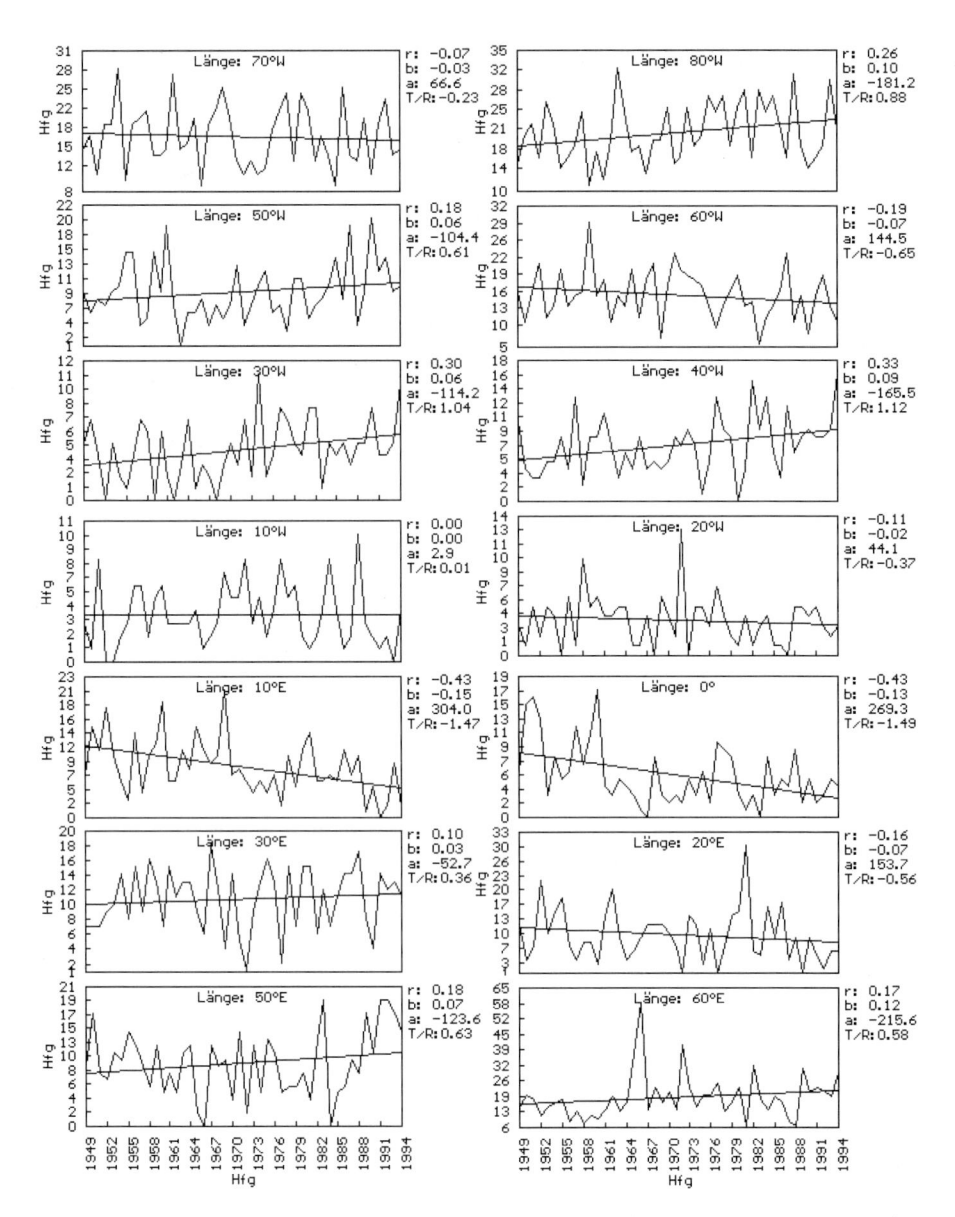

Abb. 17: Zeitreihen der Häufigkeitsänderungen der Trogpositionen (Minimumverfahren) in Abhängigkeit zur jeweils angegebenen geographischen Länge im Winter. T/R: Trend/Rauschverhältnis.

Änderungen der Zirkulationsstrukturen ...

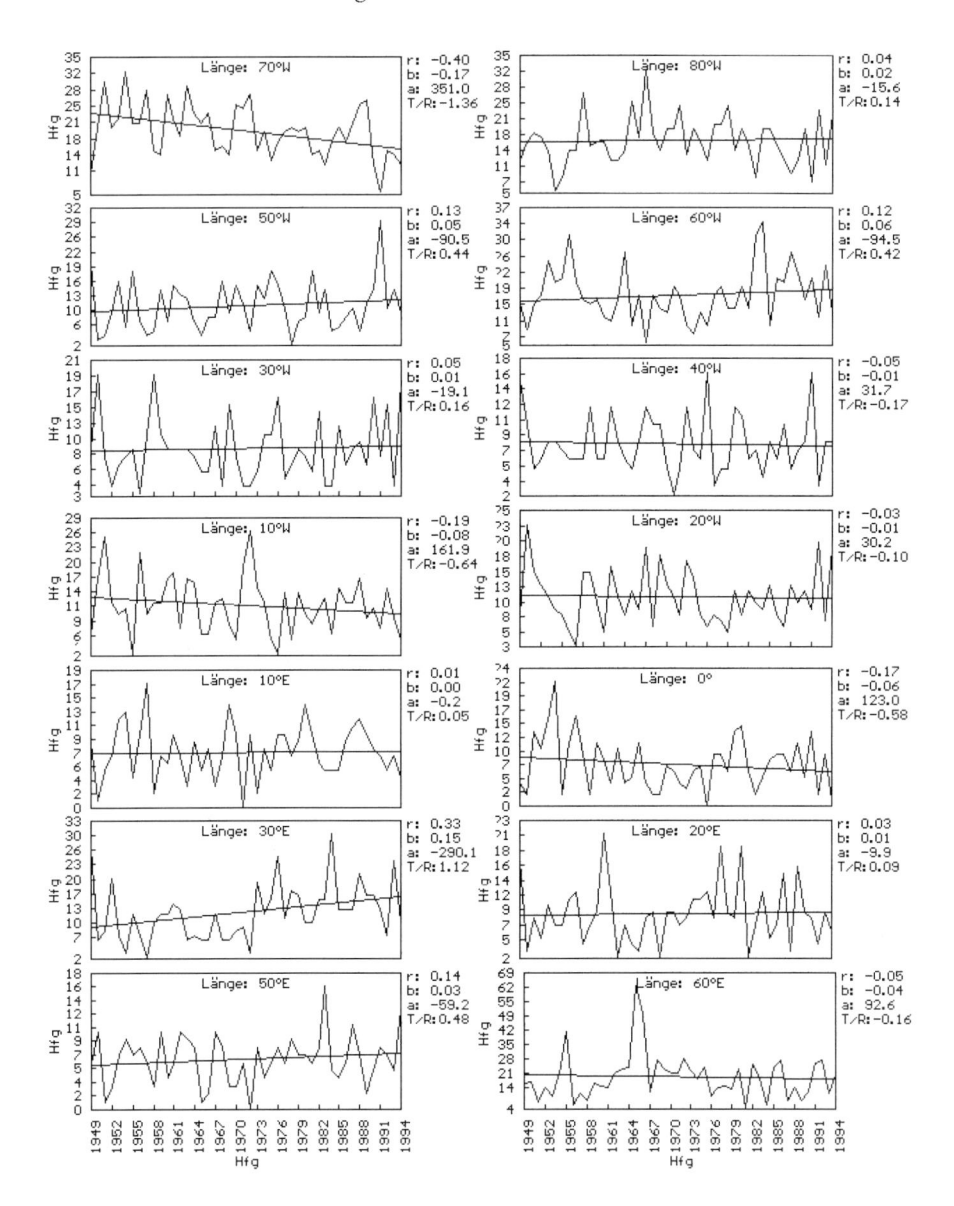

Abb. 18: Zeitreihen der Häufigkeitsänderungen der Trogpositionen (Minimumverfahren) in Abhängigkeit zur jeweils angegebenen geographischen Länge im Sommer. T/R: Trend/Rauschverhältnis.

3.5 Hauptkomponentenanalyse der Geopotentiale

Einen zusammenfassenden Überblick über die wichtigsten Veränderungen in der Struktur der Geopotentiale im euro-atlantischen Sektor vermittelt eine Hauptkomponentenanalyse der monatlichen Geopotentialverteilungen in den Sommer- und Wintermonaten. Das Verfahren ist wiederholt beschrieben und erfolgreich auf die Druck- und Geopotentialwerte der Nordhemisphäre angewandt worden (Bahrenberg et al., 1992, 198; Jacobeit, 1989; Craddock et al., 1969; Kutzbach, 1970). Es wird in dieser Untersuchung eingesetzt, um die bereits vorgestellten Ergebnisse abzusichern und gegebenenfalls zu erweitern.

Im vorliegenden Fall werden aus den Geopotentialverteilungen im euro-atlantischen Sektor, der zur Reduktion der Rechenzeit auf den Bereich 35°N-65°N begrenzt wurde, getrennt für die 135 Sommer- und Wintermonate der Periode 1949 - 1994, Hauptkomponenten extrahiert, die jeweils die Variablen zusammenfassen, die über den Betrachtungszeitraum in ähnlicher Weise variieren. Dadurch reduziert sich die Zahl von 135 Variablen mit jeweils 98 mittleren monatlichen Geopotential-Gitterpunktwerten als Komponenten auf weniger als 10 orthogonale Eigenvektoren mit jeweils 98 Hauptkomponenten. Den durch die extrahierten Eigenvektoren erklärten Varianzanteil an der Gesamtvarianz beschreiben die Eigenwerte. Die Produkte aus den Hauptkomponenten und der Quadratwurzel des zugehörigen Eigenwertes werden als Koeffizienten bezeichnet und gewichten die Bedeutung der Hauptkomponenten für jeden Zeitpunkt der Beobachtungsperiode. Die räumlichen Verteilungen der Haupkomponenten repräsentieren folglich Raumstrukturen mit ähnlicher zeitlicher Entwicklung, die durch die Variation der Koeffizienten erfaßt wird.

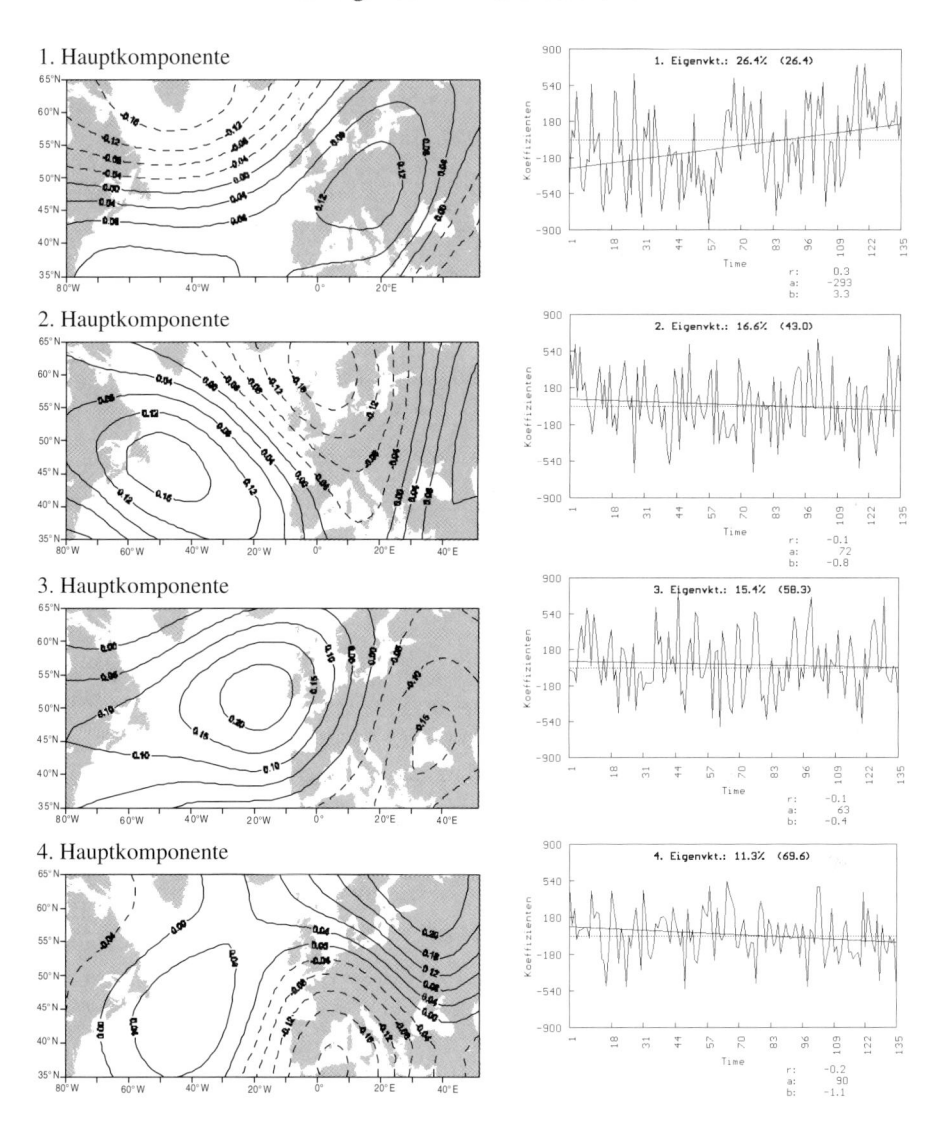

Abb. 19: Raummuster der Hauptkomponenten und Zeitreihen der Koeffizienten der ersten vier Hauptkomponenten, gebildet aus den mittleren monatlichen Geopotentialen der Wintermonate im Zeitraum 1949-1994 für den euro-atlantischen Sektor

Die ersten vier Hauptkomponenten erklären knapp 70 % der Gesamtvarianz der Geopotentialwerte in den Wintermonaten der Periode 1949-1994 im euro-atlantischen Bereich (Abb. 19). Die Koeffizienten des ersten Eigenvektors, der 26.4 % der Gesamtvarianz erklärt, zeigen einen signifikanten positiven Trend. Das Raummuster der zugehörigen Hauptkomponenten ist gekennzeichnet durch negative Werte im polaren Bereich und positive Werte in den gemäßigten und subtropischen Breiten des Atlantiks und West- sowie Mitteleuropas.

Diese räumliche Anordnung der 500 hPa-Geopotentialhauptkomponenten entspricht dem für den Bodendruck bekannten Raummuster der sogenannten Nord-Atlantischen Oszillation (NAO). Diese ist durch die oszillierende Ex- und Intensivierung des Druckgefälles zwischen Islandtief und Azorenhoch als Folge einer Druckzunahme bzw. -abnahme im Bereich des Islandtiefs und einer Druckabnahme bzw. -zunahme im Bereich des Azorenhochs gekennzeichnet.

In Verbindung mit dem Trend der Koeffizienten bringt dieses Muster einen Anstieg der Geopotentialfläche im Bereich positiver Hauptkomponenten und ein Absinken dieser Fläche im Bereich der negativen Hauptkomponenten zum Ausdruck. Die Strömungen zwischen den polaren und den gemäßigten Breiten haben also in den Wintermonaten der Beobachtungsperiode eine deutliche Intensivierung erfahren. Die Intensivphase der NAO hat folglich in den vergangenen Jahrzehnten für die Zirkulationsbedingungen im euro-atlantischen Sektor zunehmend an Bedeutung gewonnen. Zu ähnlichen Ergebnissen kommen u.a. Hurrell (1995) und Malberg und Fratesi (1995).

Der zweite Eigenvektor erklärt 16.6 % der Gesamtvarianz. Die Koeffizieten belegen tendenziell eine abnehmende Bedeutung des Musters der Hauptkomponenten, das durch einen Trog über Westeuropa gekennzeichnet ist. An die Stelle dieses Troges im Bereich 20°W-20°E trat im Beobachtungszeitraum mit zunehmender Häufigkeit ein Höhenrücken. Diese Entwicklung wird durch die negativen Koeffizienten angezeigt, die zum Ausdruck bringen, daß zum Zeitpunkt ihres Auftretens das zu dem angegebenen Hauptkomponentenmuster inverse Muster den

Hauptanteil der Varianzerklärung liefert. Die positiven Hauptkomponenten im Bereich des ostamerikanischen und des osteuropäischen Höhentroges bringen in Verbindung mit den zunehmend häufiger negativ werdenden Koeffizienten eine Intensivierung des ostamerikanischen und osteuropäischen Troges in einer gegenüber der mittleren Position deutlich nach Osten verschobenen Lage zum Ausdruck. Da sowohl aus dem ersten wie auch aus dem zweiten Eigenvektor eine erhebliche Intensivierung des westeuropäischen Höhenrückens abzuleiten ist, erklärt dieses Phänomen insgesamt mehr als 40 % der zeitlichen Variation der monatlichen Geopotentialwerte im Winter.

Auch der dritte Eigenvektor, der 15.4 % der Gesamtvarianz erfaßt, zeigt tendenziell abnehmende Koeffizientenwerte. Es liegt allerdings kein signifikanter Trend vor. Das Raummuster der Hauptkomponenten zeigt in Verbindung mit den abnehmenden Werten der Koeffizienten, daß der osteuropäische Trog tendenziell an Bedeutung verliert und die Geopotentialwerte über dem Atlantik tendenziell abnehmen. Der vierte Eigenvektor erklärt noch 11.3 % der Gesamtvarianz. Die Koeffizientenwerte nehmen tendenziell ab, der Trend ist im 90 %-Niveau signifikant. Das Raummuster der Komponenten zeigt in Verbindung mit den abnehmenden Koeffizienten, daß der osteuropäische Trog an Bedeutung verliert, gleichzeitig aber ein Rücken mit Zentrum über der iberischen Halbinsel an Bedeutung gewinnt. Über dem Atlantik zeigen die sehr geringen Werte der Hauptkomponenten, daß der vierte Eigenvektor in diesem Bereich nur einen geringen Beitrag zur Erklärung der Gesamtvarianz liefert.

Zusammenfassend kann für die Wintermonate festgestellt werden, daß die Intensivierung der Zirkulation über dem euro-atlantischen Sektor mit einer Ostverlagerung und Intensivierung der Höhentröge und Höhenrücken verbunden ist. Dabei erfährt der Höhenrücken über dem westlichen Europa eine ganz besonders starke Intensivierung. Da sich der ostamerikanische Trog gleichzeitig vertieft, nimmt die Frontalzone eine stärker SW-NE-orientierte Richtung über dem Atlantik und dem westlichen Europa ein. Die Abschwächung des osteuropäischen Höhentroges steht offenbar in Verbindung mit einer besonders starken Intensivierung des west-

1. Hauptkomponente

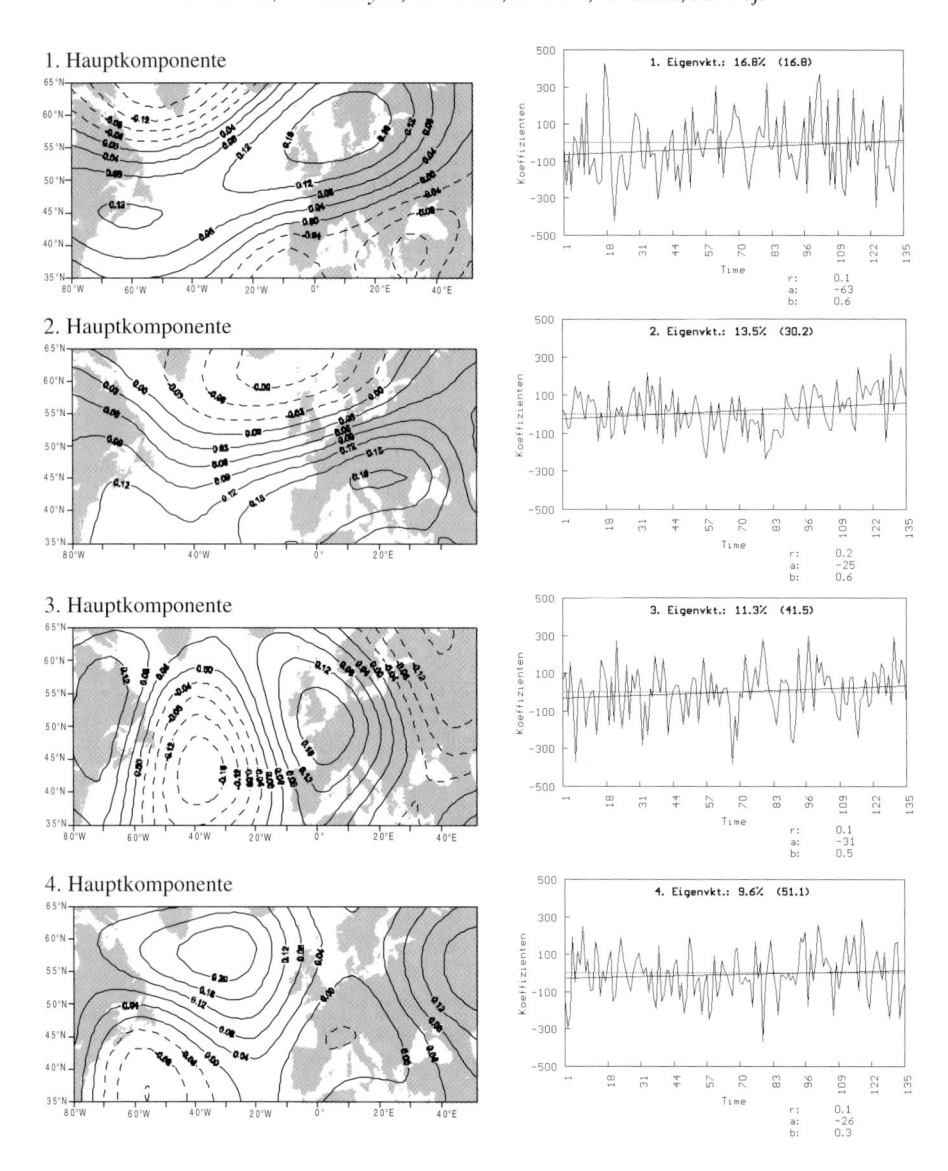

2. Hauptkomponente

3. Hauptkomponente

4. Hauptkomponente

Abb. 20: Raummuster der Hauptkomponenten und Zeitreihen der Koeffizienten der ersten vier Hauptkomponenten, gebildet aus den mittleren monatlichen Geopotentialen der Sommermonate im Zeitraum 1949-1994 für den euro-atlantischen Sektor.

europäischen Höhenrückens im Bereich der Iberischen Halbinsel. Diese Zirkulationsumstellungen begründen mehr als 70 % der gesamten zeitlichen Variationen der Geopotentialwerte. Sie dürfen folglich als die wichtigsten Änderungen angesehen werden, die im Laufe der Beobachtungsperiode erfolgten.

Der erste Eigenvektor, der aus den Variationen der Geopotentiale während der Sommermonate für den Zeitraum 1949-1994 extrahiert wurde, erklärt rund 17 % der Gesamtvarianz (Abb. 20). Der erste Eigenvektor erklärte für die Wintermonate 26.4 %, also 9 % mehr als in den Sommermonaten. Das Raummuster der Komponenten zeigt einen Bereich mit positiven Werten, der sich in SW-NE-Richtung über den Atlantik nach Nordeuropa zieht. Das Muster weist Ähnlichkeiten mit dem des ersten Eigenvektors der Wintermonate auf. Die Druckzentren sind allerdings gegenüber der Winterposition weit polwärts verlagert. Dieses Muster beschreibt also Fluktuationen der NAO bei polwärts verschobenen Aktionszentren. Der Trend der Koeffizienten ist, anders als in den Wintermonaten, nicht signifikant. Tendenziell ist aber von einem Anstieg der Geopotentiale im Bereich positiver Komponenten und von einem Absinken im Bereich negativer Komponenten auszugehen. Das bedeutet, daß sich die Frontalzone in einer weit polwärtigen Lage tendenziell verschärft hat, während die Geopotentiale im mediterranen Bereich absanken, wodurch sich die Gradienten zu den mittleren Breiten abflachen.

Der zweite Eigenvektor erklärt 13.5 % der Gesamtvarianz und zeigt einen signifikant positiven Trend seit Anfang der siebziger Jahre. Die Struktur der positiven und negativen Komponenten weist auf die NAO in einer polferneren Lage und der damit verbundenen Intensivierung der Frontalzone hin. Dafür ist besonders der Anstieg der Geopotentiale im äquatorwärtigen Bereich des euro-atlantischen Sektors verant-wortlich. Die Intensivierung des Höhenrückens über Westeuropa kommt im Raum-muster der Komponenten des dritten Eigenvektors, der 11.3 % der Gesamtvarianz erklärt, zum Ausdruck. Der positive Trend der Koeffizienten bleibt aber weit unter dem Signifikanzniveau. Im Gegenzug zu der Intensivierung des westeuropäischen Rückens erfolgt eine Intensivierung des ostamerikanischen und des osteuropäischen Höhentroges. Insgesamt weist das Raummuster der Komponenten des dritten Eigenvektors auf eine Meridionalisierung der Zirkulation hin, die der Zonalisierung, die der erste und zweite Eigenvektor erfaßt, entgegengerichtet ist.

Der vierte Eigenvektor ist ebenfalls durch tendenziell schwach ansteigende Koeffizienten gekennzeichnet. Der Trend ist allerdings auch in diesem Fall nicht signifikant. Das Raummuster der Hauptkomponenten zeigt in Verbindung mit den Koeffizienten einen Anstieg der Potentiale im Bereich des ostamerikanischen und des osteuropäischen Höhentroges. Das bedeutet eine Extensivierung dieser Höhentröge besonders im Bereich der Trogvorderseiten. Der hier nicht dargestellte fünfte bis achte Eigenvektor erklärt jeweils 7-5 % der Gesamtvarianz. Die Muster der Komponenten variieren die bereits herausgestellten Phänomene. Eine Erweiterung der bisher herausgearbeiteten Tendenzen ist anhand dieser Eigenvektoren nicht möglich.

Die ersten vier Eigenvektoren der Geopotentialvariationen in den Sommermonaten erklären mit 51.1 % insgesamt fast 20 % weniger als die ersten vier Eigenvektoren der Wintermonate. Die Raummuster der Komponenten zeigen außerdem weniger eindeutige Muster, bringen aber insgesamt einen generellen Anstieg der Geopotentiale zum Ausdruck. Dieser verursacht eine Nordverlagerung und Intensivierung der Frontalzone. Dabei erfolgt der stärkste Anstieg im Bereich des westeuropäischen Höhenrückens. Dadurch nimmt die Frontalzone, ähnlich wie im Winter, eine gegenüber den mittleren Bedingungen stärkere SW-NE-Orientierung im euro-atlantischen Sektor an. Südströmungen nehmen folglich an Häufigkeit zu, Nordströmungen ab.

Die Veränderungen in der Lage und Intensität der Frontalzone können durch eine Hauptkomponentenanalyse der Gradienten der Geopotentiale weiter differenziert werden. Dazu werden zunächst die Gradienten der Geopotentiale in meridionaler Richtung für die jeweils 5° umfassenden Gitterpunktdistanzen berechnet. Diese

Gradienten sind dann als Variablen in die Hauptkomponentenanlyse einzubringen.

Der erste Eigenvektor erklärt 23.5 % der Varianz der Fluktuationen, denen die Gradienten der 500 hPa-Fläche während der Wintermonate unterliegen (Abb. 21). Der Trend der Koeffizienten ist im 90 %-Niveau signifikant und bringt die Intensivierung der Frontalzone in einer für die Wintermonate weit polwärtigen Lage zum Ausdruck.

Der Trend der Koeffizienten des zweiten Eigenvektors, der 18.0 % der Gesamtvarianz erklärt, ist im 95 %-Niveau signifikant. Diese signifikante Zunahme zeigt in Verbindung mit dem Raummuster der Komponenten, daß sich die Intensität der Frontalzone über dem Atlantik in einer gegenüber dem ersten Eigenvektor deutlich südlicheren Lage erheblich und über Nordeuropa nur geringfügig erhöht hat. Gleichzeitig hat sich die Intensität der winterlichen Frontalzone im mediterranen Raum stark abgeschwächt.

Der dritte Eigenvektor erklärt 11.7 % der Gesamtvarianz. Die Koeffizienten zeigen keinen Trend. Die Steigung der Regressionsgeraden ist so gering, daß man allenfalls von einem sehr schwachen Bedeutungsgewinn des Raummusters der Komponenten ausgehen kann. Dieses bringt eine Intensivierung der Gradienten über Europa bei gleichzeitiger Abschwächung der Gradienten über dem Atlantik zum Ausdruck.

Der vierte Eigenvektor erklärt noch 10.6 % der Gesamtvarianz. Die Koeffizienten zeigen keinen Trend. Das Raummuster der Komponenten zeigt eine NW-SE-Ausrichtung der Frontalzone, deren Auftreten in den vergangenen 46 Jahren in den Wintermonaten keine wesentlichen Änderungen erfahren hat.

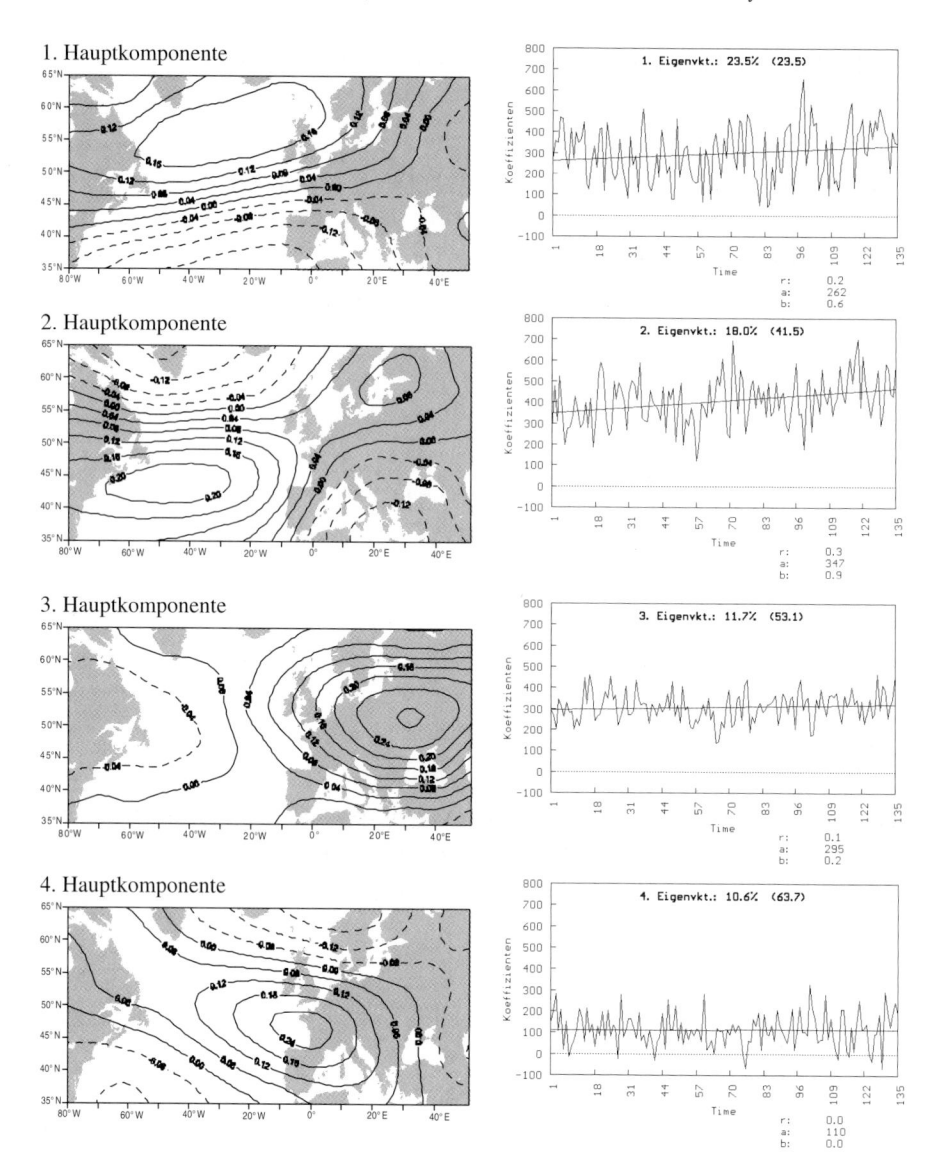

Abb. 21: Raummuster der Hauptkomponenten und Zeitreihen der Koeffizienten der ersten vier Hauptkomponenten, gebildet aus den mittleren monatlichen meridionalen Geopotentialgradienten der Wintermonate im Zeitraum 1949-1994 für den euro-atlantischen Sektor.

In den Sommermonaten erklärt der erste aus den Variationen der 500 hPa-Gradienten extrahierte Eigenvektor 21.4 % der Gesamtvarianz. Ein nicht signifikanter negativer Trend bestimmt die Entwicklung der Koeffizienten (Abb. 22). In Verbindung mit dem Raummuster der Komponenten bedeutet das vermehrte Auftreten negativer Koeffizientenwerte, daß die Gradienten im Bereich positiver Komponenten abnehmen und im Bereich negativer Komponenten zunehmen. Dadurch kommt aber eine polwärtige Verlagerung der Frontalzone zum Ausdruck.

Der zweite Eigenvektor erklärt 11.3 % der Gesamtvarianz. Die Koeffizientenwerte steigen an, der Trend ist aber nicht signifikant. Bezogen auf das Raummuster der Komponenten bedeutet der Anstieg der Koeffizienten, daß sich die Frontalzone über dem Atlantik tendenziell intensiviert und gleichzeitig zunehmend weiter in den europäischen Kontinent hineinreicht. Der dritte Eigenvektor erklärt nur noch 9.6 % der Gesamtvarianz. Da die Steigung der Regressionsgeraden Null ist, hat dieses Raummuster der Komponenten, das die Frontalzone in einer SW-NE-Orientierung nachzeichnet, im Beobachtungszeitraum tendenziell keine Änderungen erfahren. .

Faßt man die Ergebnisse zusammen, so belegen die Hauptkomponentenanalysen der Gradienten der 500 hPa-Geopotentiale im wesentlichen eine Intensivierung und Nordverlagerung der Frontalzone im Sommer und im Winter.

1. Hauptkomponente

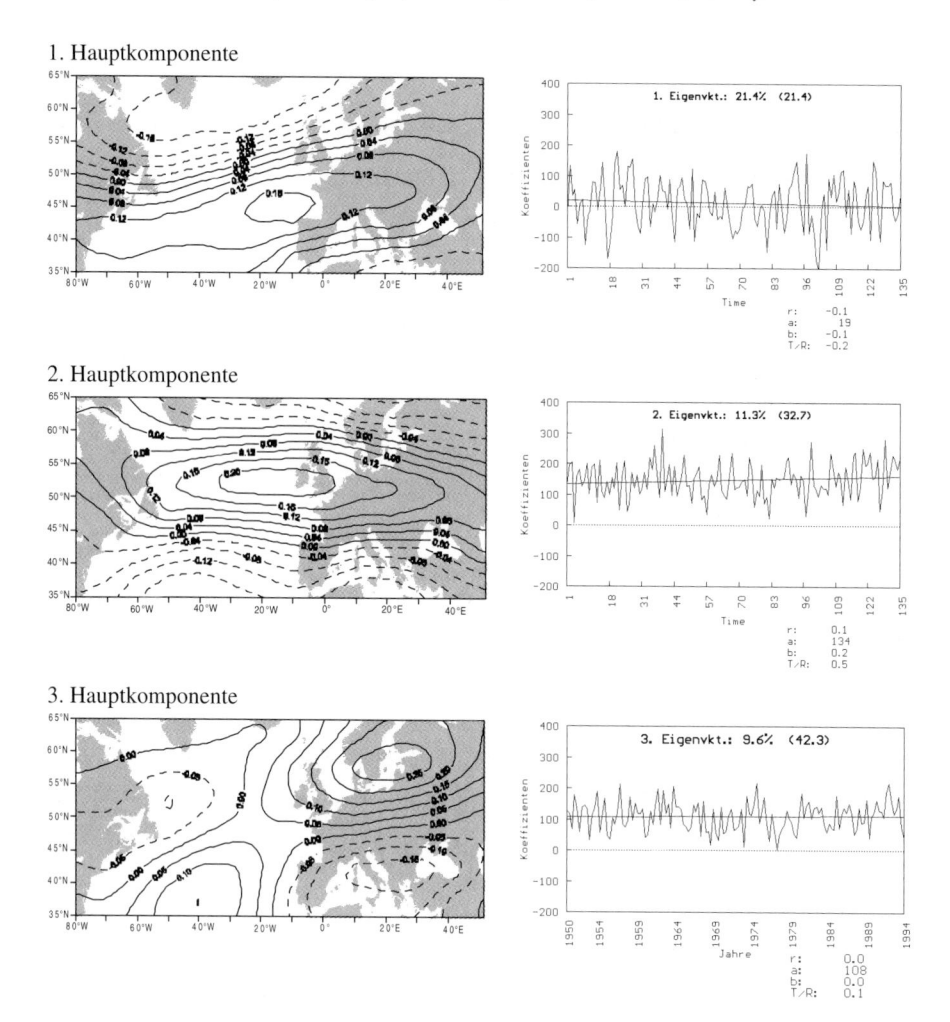

2. Hauptkomponente

3. Hauptkomponente

Abb. 22: Raummuster der Hauptkomponenten und Zeitreihen der Koeffizienten der ersten drei Hauptkomponenten, gebildet aus den mittleren monatlichen meridionalen Geopotentialgradienten der Sommermonate im Zeitraum 1949-1994 für den euro-atlantischen Sektor.

4 Neuronale Netzwerk-Algorithmen zur Erkennung charakteristischer Verteilungsstrukturen der 500 hPa-Geopotentiale

Seit wenigen Jahren werden zur Lösung von Klassifikationsaufgaben neben den in dieser Arbeit angewandten statistischen Verfahren auch Künstliche Neuronale Netze eingesetzt. Den Impuls dazu gaben insbesondere die Arbeiten von Kohonen (1982) sowie von Rumelhart und McClelland (1986). Der Ansatz von Kohonen, der als selbstorganisierende Kohonen-Karte bekannt wurde, soll aufgegriffen und zur Klassifikation der charakteristischen Strukturen der 500 hPa-Geopotentialfläche eingesetzt werden. Bisher wurden räumliche Verteilungsmuster klimatologischer Daten nach Kenntnis der Autoren noch nicht mit Künstlichen Neuronalen Netzen klassifiziert.

Mit Künstlichen Neuronalen Netzen versucht man, Grundprinzipien der Arbeitsweise des menschlichen Gehirns zur Lösung einfacher Klassifikations- und Zuordnungsaufgaben zu imitieren. Das menschliche Gehirn besteht aus Neuronen, die untereinander durch Axione verbunden sind. Jedes Neuron vermag elektrische Impulse, sogenannte Aktionspotentiale, zu erzeugen, die über Axione an viele andere Neuronen weitergeleitet werden können, wenn die zwischengeschalteten Synapsen den Impuls passieren lassen. Ist dies der Fall, so werden die empfangenden Neuronen aktiviert und der Impuls von diesen an andere Neuronen weitergeleitet. Lernvorgänge werden als Verstärkung der Verbindung zwischen zwei Neuronen erklärt. Nach vollzogenem Lernvorgang können alle in den Lernprozeß einbezogenen Neuronen über ihre Aktionspotentiale folglich miteinander intensiv kommunizieren. Im Bewußtsein findet das Ergebnis dieser Aktivitäten u.a. in der Begriffsbildung seinen Ausdruck.

Ein künstliches Neuronales Netz besteht aus idealisierten Neuronen, die Impulse über Eingänge empfangen und über Ausgänge an andere Neuronen weiterleiten. Die Synapsen werden in Künstlichen Neuronalen Netzen durch numerisch vorgegegebene Verbindungsgewichte abgebildet. Die Verbindung zwischen zwei Neuronen eines Künstlichen Neuronalen Netzes wird folglich formal durch diese Verbindungsgewichte beschrieben.

Die einfachste Form, Verbindungsgewichte entsprechend dem Erfolg bei der Lösung einer zu lernenden Aufgabe zu modifizieren, wurde von Donald O. Hebb bereits 1949 in folgender Form vorgeschlagen: Wenn ein Neuron eine Eingabe von einem anderen Neuron erhält und dadurch beide gleichzeitig aktiviert sind, dann soll das Verbindungsgewicht zwischen diesen beiden Neuronen erhöht werden. Die Verbindung zwischen einem Vorgänger- und einem Nachfolgerneuron wird nach dieser Hebb'schen Regel um so mehr verstärkt, je mehr der Aktivierungszustand der beiden Neuronen übereinstimmt.

Kohonen (1982) entwickelte, basierend auf diesen Überlegungen, ein Verfahren, mit dem eine sich selbstorganisierende Klassifizierung möglich ist, die die Topologie der Ausgangsdaten erhält. Dazu werden die Eingabeneuronen einer Eingabeschicht so mit den Wettbewerbsneuronen einer Wettbewerbsschicht durch Verbindungsgewichte verknüpft, daß die Wettbewerbsneuronen auf jede Eingabe mit der Aktivierung einer bestimmten Region der Wettbewerbsschicht reagieren. Geringe Änderungen der Eingabe gehen, wenn die Topologie der zu klassifizierenden Daten erhalten bleiben soll, in der Wettbewerbsschicht auch nur mit einer geringen Verlagerung der aktivierten Region einher. Um dies selbstorganisierend zu erreichen, müssen alle mit einem Eingabedatensatz möglichen Aktivierungscluster der Wettbewerbsschicht durch die Verbindungsgewichte so gewichtet werden, daß geringe Änderungen der Eingabewerte auch nur geringe Verlagerungen im Bereich der Wettbewerbsschicht auslösen. Die mathematische Herleitung und exakte Begründung des Verfahrens wird von Zell (1994) und Nauck (et al., 1994) gegeben.

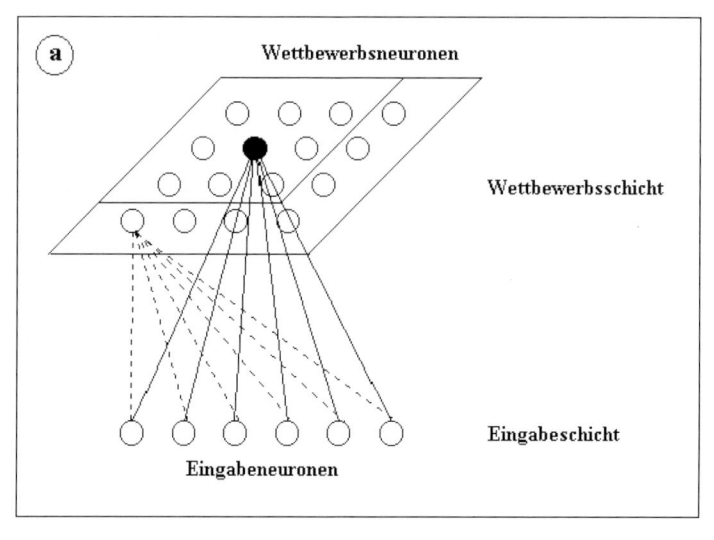

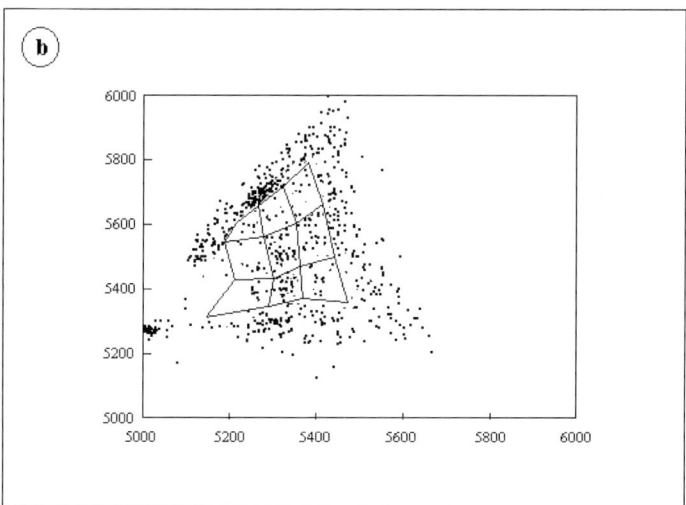

Abb. 23: Eingabe- und Wettbewerbsschicht einer selbstorganisierenden Kohonen-Karte mit den dazugehörenden Neuronen. Jedes Neuron der Wettbewerbsschicht ist mit allen Neuronen der Eingabeschicht durch Verbindungsgewichte verbunden (a). Verzerrung des zunächst äquidistanten Gitternetzes der Wettbewerbsschicht zur Anpassung der Topologie der Wettbewerbsneuronen an die der Gewichts- und damit auch der Inputvektoren (b).

Abb. 23a veranschaulicht eine Eingabe- und Wettbewerbsschicht mit den dazugehörenden Neuronen. Jedes Neuron der Wettbewerbsschicht ist mit allen Neuronen der Eingabeschicht durch Verbindungsgewichte verbunden. Die Anzahl der Eingabeneuronen kann in Abhängigkeit zur Größe des Datensatzes variieren und wurde in der Abbildung mit sechs angesetzt. Die Zahl der Neuronen der Wettbewerbsschicht muß vorgegeben werden. Sie entspricht der Zahl der Klassen, die beim Klassifizierungsprozeß berücksichtigt werden sollen. Beispielhaft wurden in der Abbildung 23a sechzehn Klassen angenommen.

Es ist zweckmäßig, die Neuronen der Eingabeschicht als Komponeten eines Inputvektors und die Verbindungsgewichte als Komponenten eines Gewichtsvektors zu interpretieren. Da jedes Wettbewerbsneuron mit allen Komponenten des Eingabevektors durch Verbindungsgewichte verknüpft ist, entspricht die Dimension des Eingabevektors der des Gewichtsvektors.

Das Ziel der selbstorganisierenden Kohonen-Karte, alle ähnlichen Inputvektoren auf ein und dasselbe Neuron der Wettbewerbsschicht abzubilden, wird erreicht, indem das Netzwerk mit zufällig ausgewählten Inputvektoren solange mit einer variablen Lernrate trainiert wird, bis die Differenzen zwischen den Inputvektoren und den Gewichtsvektoren gegen Null konvergieren. Damit wird erreicht, daß ähnlichen Inputvektoren genau ein Gewichtsvektor entspricht, der alle diese ähnlichen Inputvektoren genau einem Neuron der Wettbewerbsschicht zuordnet. Dieses Neuron wird als Siegerneuron bezeichnet.

Durch die Anpassung der Position des Siegerneurons auf der Wettbewerbsschicht an die Koordinaten der jeweiligen Gewichtsvektoren mit Hilfe einer von Kohonen (1982) definierten Nachbarschaftsfunktion kann zusätzlich sichergestellt werden, daß auf der Wettbewerbsschicht dicht zusammenliegende Neuronen Gewichts- und damit zugleich auch Inputvektoren repräsentieren, die im n-dimensionalen Raum der Eingabedaten ebenfalls nahe beieinander liegen. Die Äquidistanz der Wettbewerbsneuronen auf der Wettbewerbsschicht wird durch die Wirkung der Nachbarschaftsfunktion an die Topologie der Gewichtsvektoren angepaßt. Dabei wird das äquidistante Gitternetz solange verzerrt (Abb. 23b), bis die Topologie der Wettbewerbsneuronen mit der der Gewichts- und damit auch der Inputvektoren in guter Näherung übereinstimmt.

Man kann den transformierten Koordinaten der Neuronen der Wettbewerbsschicht Farbintensitäten so zuordnen, daß geringe Änderungen der Neuronenpositionen im Bereich der Wettbewerbsschicht mit geringen Änderungen der Farbintensitäten verbunden sind. Homogene Bereiche, die durch gleichbleibende oder weitgehend ähnliche Klasseneigenschaften gekennzeichnet sind, werden durch diese Zuordnung in einer gleichbleibenden oder sich nur geringfügig ändernden Farbgebung dargestellt (Groß und Seibert, 1991, 1993).

Zur Klassifikation der täglichen Geopotentialstrukturen im euro-atlantischen Bereich wurden nur 52 Gitterpunkte in das Klassifikationsverfahren einbezogen. Die Wintermonate der 46-jährigen Beobachtungsperiode von 1949-1994 umfassen insgesamt 4232 Tage. Für den euro-atlantischen Bereich liegen die Geopotentialdaten für 221 Gitterpunkte vor. Bei Berücksichtigung aller dieser Gitterpunkte sind 4232 Eingabevektoren der Dimension 221 zu klassifizieren. Die Fallzahl ist folglich im Verhältnis zur Dimensionalität der zu klassifizierenden Eingabevektoren sehr gering. Durch Reduktion der Dimensionalität wird dieses Verhältnis günstiger und die Klassifizierung dementsprechend besser abgesichert. Nach einigen Versuchen wurde die Zahl der Gitterpunkte auf 52 äquidistante Gitterpunkte, die den gesamten Raum abdecken, begrenzt. Mit dieser geringen Gitterpunktzahl lassen sich die wichtigsten Variationen der Geopotentialstrukturen erfassen.

Zunächst wurde die Leistungsfähigkeit des Verfahrens mit synthetischen Daten getestet. Dazu wurden für 46 Jahre tägliche Geopotentialwerte für 52 Gitterpunkte so konstruiert, daß in jeweils einem Quadranten des euro-atlantischen Sektors die Geopotentiale zufällig um etwas geringere Werte variieren als in den verbleibenden Quadranten. Zur Klassifikation wurde die Wettbewerbsschicht mit vier Neuronen belegt. Alle synthetischen Eingabevektoren wurden bei dieser leichten Klassifikationsaufgabe richtig klassifiziert. Abb. 24 zeigt das Ergebnis für zwei ausgewählte Klassen.

a)

b)

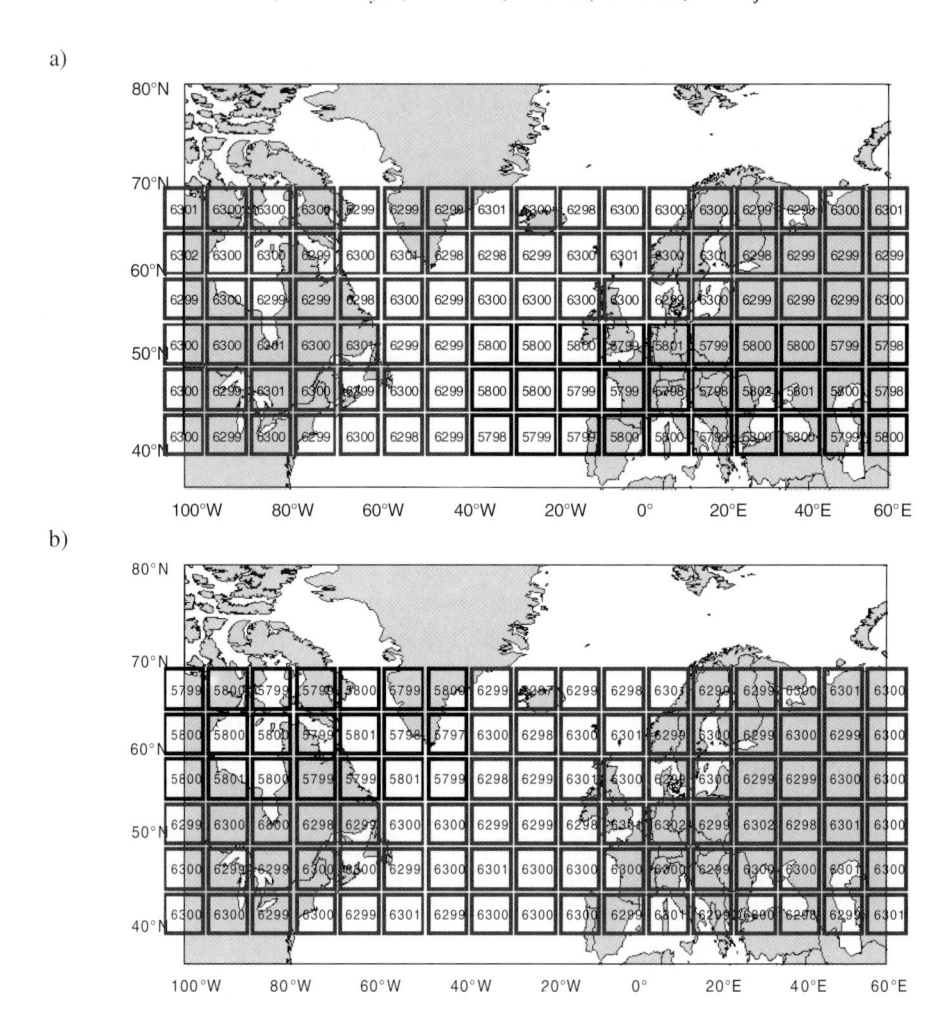

Abb. 24: Klassifikation synthetisch erzeugter Geopotentialfelder, die in einem Quadranten durchgängig geringere Werte als in den übrigen aufweisen, mit Hilfe der selbst-organisierenden Kohonen-Karte. In den dick umrahmten Quadraten sind alle geringeren Werte in einer der Klassen zusammengefaßt.

Änderungen der Zirkulationsstrukturen ... 67

In einem weiteren einfachen Versuch wurde die jahreszeitliche Variation aus den 16790 täglichen Verteilungsmustern der Geopotentiale an 52 Gitterpunkten im Zeitraum 1949-1994 klassifiziert. Die Wettbewerbsschicht wurde mit neun Neuronen belegt. Abb. 25 zeigt das Ergebnis in Grautönen, deren Intensität Aussagen über die Ähnlichkeit der Originaldaten zuläßt. Ganz klar spiegelt sich der Jahresgang der Geopotentialhöhen mit minimalen Werten im Winter und maximalen im Sommer wider.

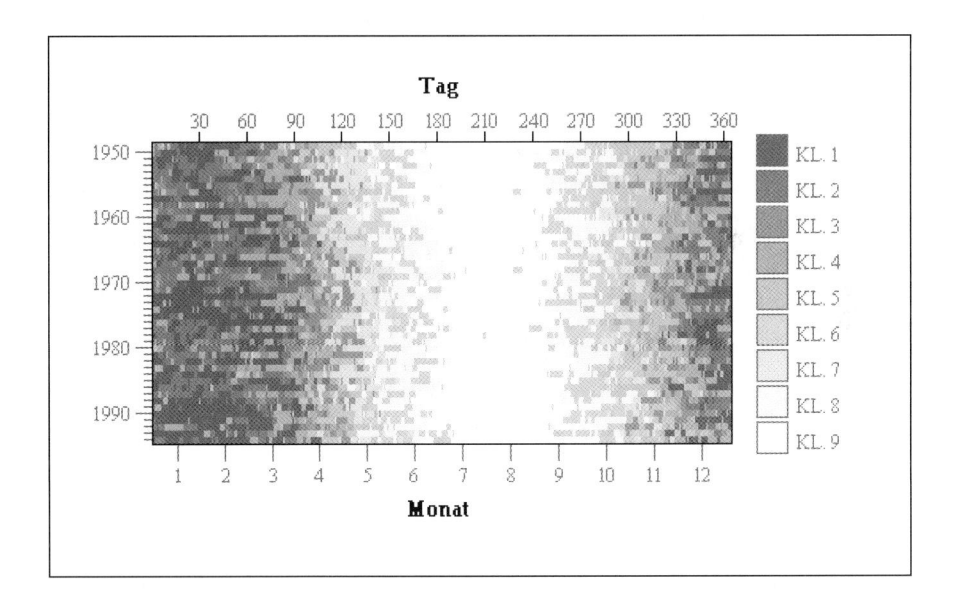

Abb. 25: Klassifikation der 16790 täglichen Verteilungsmuster der Geopotentiale an 52 Gitterpunkten im Zeitraum 1949-1994 in neun Klassen. Die Grautöne zeichnen die jahreszeitliche Variation der Raummuster der Geopotentiale nach.

Zur Klassifikation der charakteristischen Raummuster der Geopotentiale des 500 hPa-Niveaus wurden die Geopotentialwerte der 52 Gitterpunkte für die 4232 Tage der Wintermonate in den Jahren 1949-1994 dem Netzwerk als Eingabedaten präsentiert. Die Wettbewerbschicht wurde zunächst mit 4, dann in weiteren Klassifizierungsversuchen mit 9 Neuronen belegt. Um die Zahl der Abbildungen in Grenzen zu halten, werden die Ergebnisse für vier Klassen gezeigt.

Abb. 26a zeigt das erste extrahierte Raummuster der Geopotentiale. Dieses ergibt sich, indem über alle Tage, die zur ersten Klasse gehören, das arithmetische Mittel für jeden Gitterpunkt berechnet wird. Die zugehörige Standardabweichung ist in Abb. 26b angegeben, die Zahl der Tage, an denen in den einzelnen Jahren die erste Klasse auftrat, zeigt Abb. 26c.

Markantes Kennzeichen der Geopotentialstruktur der ersten Klasse ist der mächtige Höhenrücken über dem Atlantik sowie der kräftig ausgebildete ostamerikanische und der osteuropäische Trog. Letzterer nimmt eine sehr weit westliche Lage bei etwa 10°E ein. Die täglichen Auftrittshäufigkeiten dieser Verteilung der Geopotentiale im euro-atlantischen Bereich haben im Zeitraum von 1949-1994 um etwa 10 Tage, also um mehr als 30 %, abgenommen. Der Trend ist im 90 %-Niveau signifikant.

Wenn das angewandte Klassifikationsverfahren tatsächlich bevorzugt Tage mit einer ähnlichen räumlichen Konfiguration der Geopotentiale in einer Klasse zusammenfaßt, sollte die Standardabweichung, berechnet für die Gitterpunkte dieser ausgewählten Tage, geringer sein, als sie im Falle zufällig ausgewählter Wintertage ist. Abb. 27a,b zeigt die Mittelwerte und Standardabweichungen für diese zufällig ausgewählten Tage. In jedem Winter der Periode 1949-1994 wurden 23 Tage zufällig ausgewählt, da das Raummuster der Klasse 1 im Mittel an rund 23 Wintertagen beobachtet wird.

Änderungen der Zirkulationsstrukturen ... 69

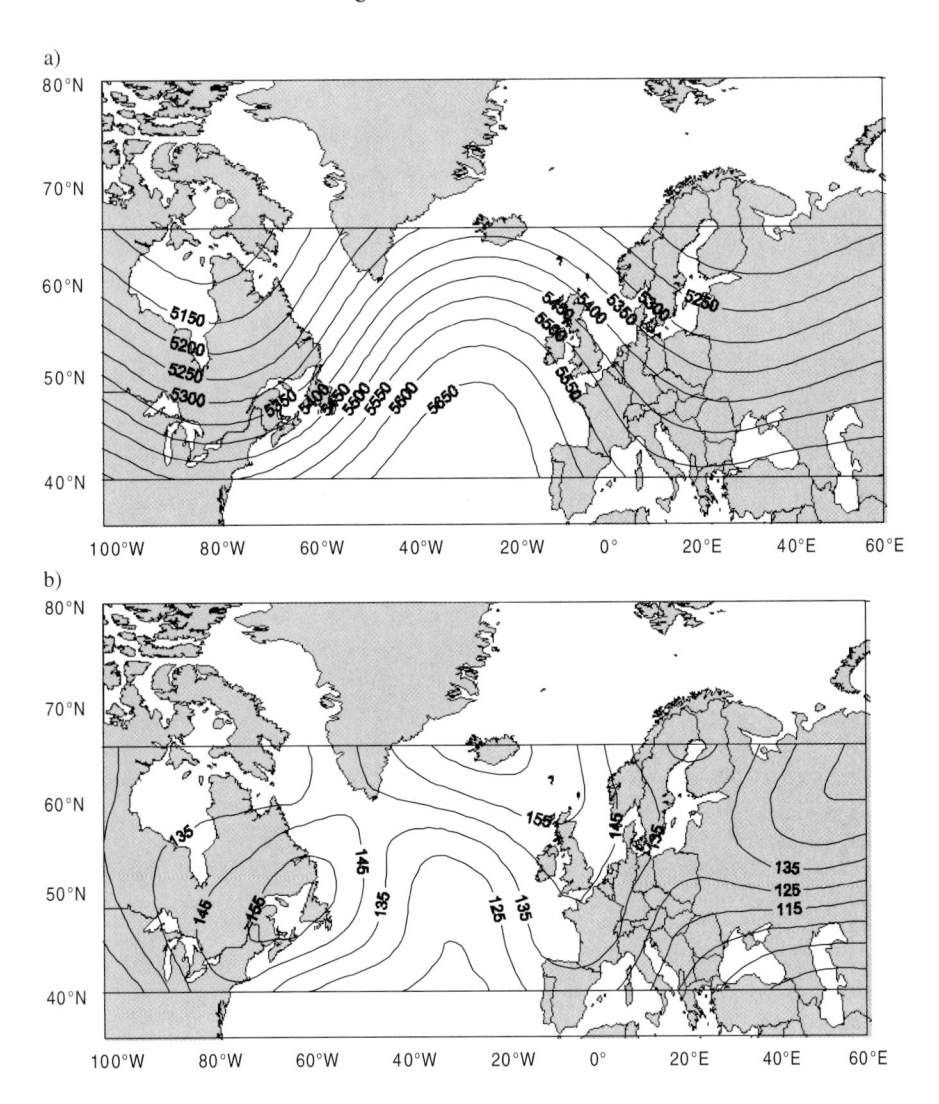

a)

b)

c)

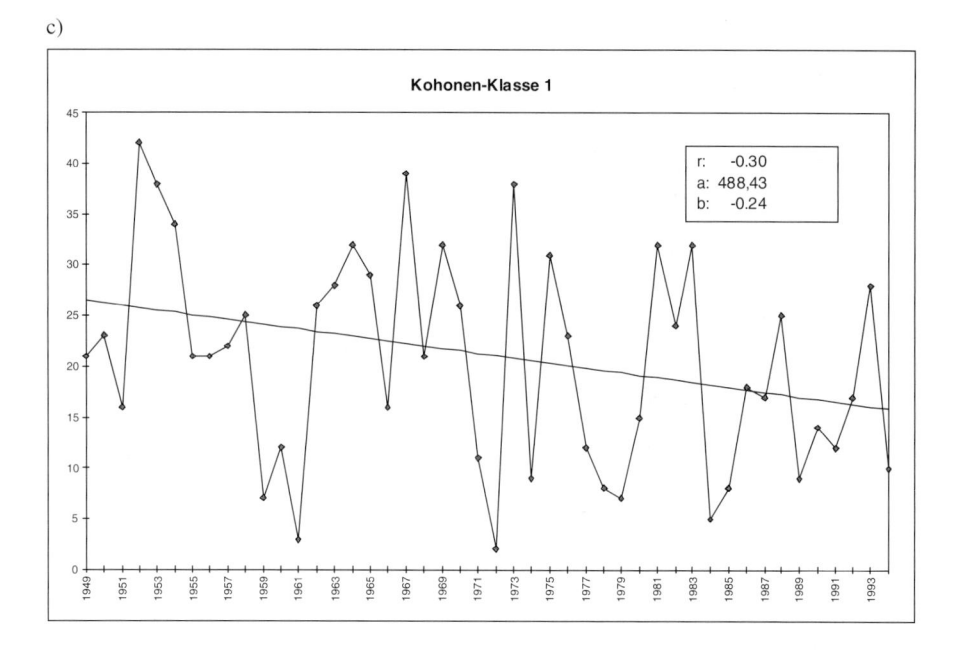

Kohonen-Klasse 1

r: -0.30
a: 488,43
b: -0.24

Abb. 26: Mit Hilfe einer selbstorganisierenden Kohonen Karte extrahiertes erstes Raummuster der Geopotentiale, das sich durch Mittelbildung über alle Wintertage der ersten Klasse ergibt (a) sowie die zugehörige Standardabweichung (b). Zeitreihe der Auftrittshäufigkeiten von Tagen, die der ersten Klasse im Zeitraum 1949-1994 zugeordnet wurden (c).

Die Mittelwerte unterscheiden sich für die klassifizierten und die zufällig ausgewählten Tage deutlich. Insbesondere liegt der Höhenrücken bei den zufällig ausgewählten Tagen im Mittel weiter östlich als bei den klassifizierten. Die Standardabweichung unterscheidet sich zwischen klassifzierten und zufälligen Daten besonders im Bereich des Höhenrückens. Hier bleiben die Werte um bis zu 80 geopotentielle Meter unter denen, die sich für die zufällig ausgewählten Tage ergeben. Im Bereich des ostamerikanischen und des osteuropäischen Troges nähern sich die Standardabweichungen allerdings an, bleiben aber insgesamt auch hier durchgängig für die klassifizierten Tage geringer als für die zufällig ausge-

Änderungen der Zirkulationsstrukturen ... 71

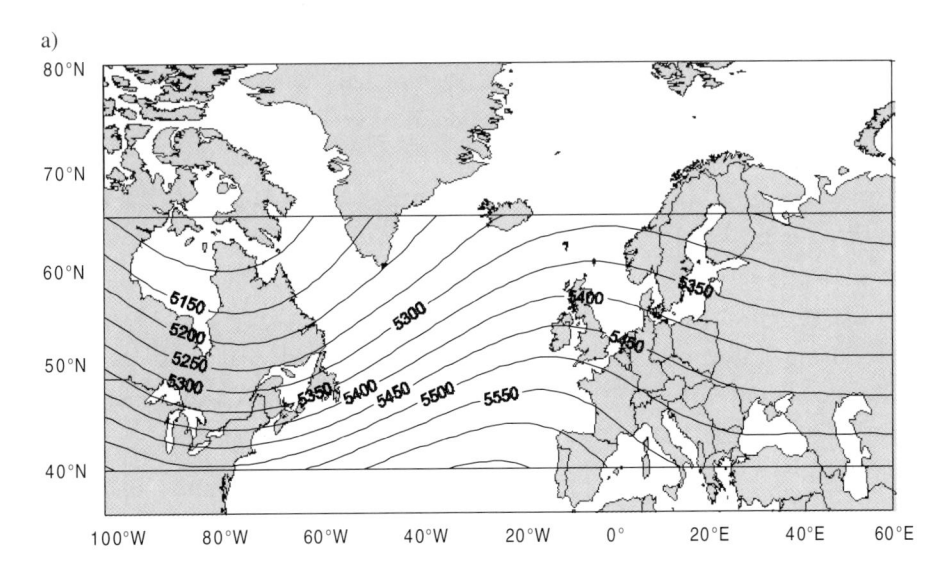

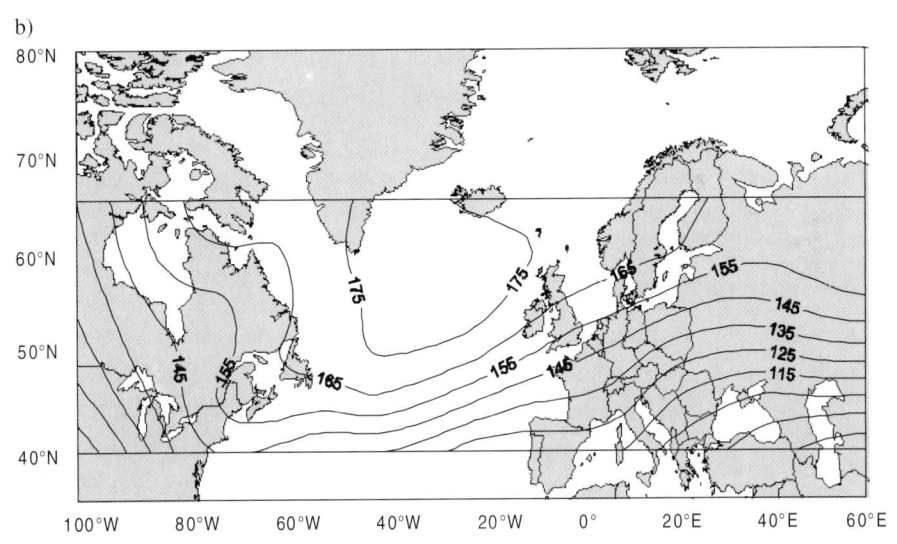

Abb. 27: Mittelwerte (a) und Standardabweichungen (b), berechnet auf der Grundlage von 23 für jeden Winter der Periode 1949-1994 zufällig ausgewählten Tagen.

wählten Tage. Die Unterschiede zwischen den Standardabweichungen der klassifizierten und der zufällig ausgewählten Tage sind allerdings nur im Bereich der Gitterpunkte des Höhenrückens signifikant.

Das Raummuster der Geopotentiale ist für die zweite Klasse in Abb. 28a dargestellt. Kennzeichnend sind der nach Osten verlagerte ostamerikanische und osteuropäische Trog, die durch einen ausgeprägten Höhenrücken über West- und Mitteleuropa voneinander getrennt sind. Es ist festzustellen, daß das Raummuster der Klasse 2 gegenüber dem der Klasse 1 durch eine Ostverlagerung der Tröge und Rücken um etwa 20-30° gekennzeichnet ist. Die Standardabweichungen sind nur im Bereich des westeuropäischen Höhenrückens signifikant geringer als die zufallsbedingten, sowohl an den Gitterpunkten des ostamerikanischen wie auch an denen des osteuropäischen Höhentroges bleiben die Standardabweichungen nur geringfügig unter denen der zufällig ausgewählten Wintertage.

Die Ähnlichkeitsauswahl des Klassifikationsverfahren ist folglich stark auf den Bereich des Höhenrückens begrenzt. Die Ursache dafür ist in der relativen Konstanz dieses Rückens in der angegebenen Position zu sehen, während gleichzeitig die Lage der Höhentröge, wie die vergleichsweise großen Werte der Standardabweichungen zeigen, in ihrer Lage nicht unerheblich variieren.

Die Auftrittshäufigkeiten der durch die Klasse 2 erfaßten Geopotentialstrukturen zeigt Abb. 28c. Die mittlere Auftrittshäufigkeit liegt bei etwa 20 Wintertagen. Die Häufigkeitsentwicklung ist durch einen positiven Trend, der im 85 %-Niveau signifikant ist, gekennzeichnet. Um etwa 10 Tage nahm die Auftrittshäufigkeit in der Periode 1949-1994 zu. Das bedeutet, wenn man die Häufigkeitsentwicklung der Klasse 1 in die Betrachtung einbezieht, daß im Ablauf der Beobachtungsperiode der Höhenrücken über dem westlichen Atlantik zunehmend nach Osten in Richtung Westeuropas gewandert ist. Dieses Phänomen ist verbunden mit einer Ostverlagerung des ostamerikanischen und des osteuropäischen Höhentroges.

a)

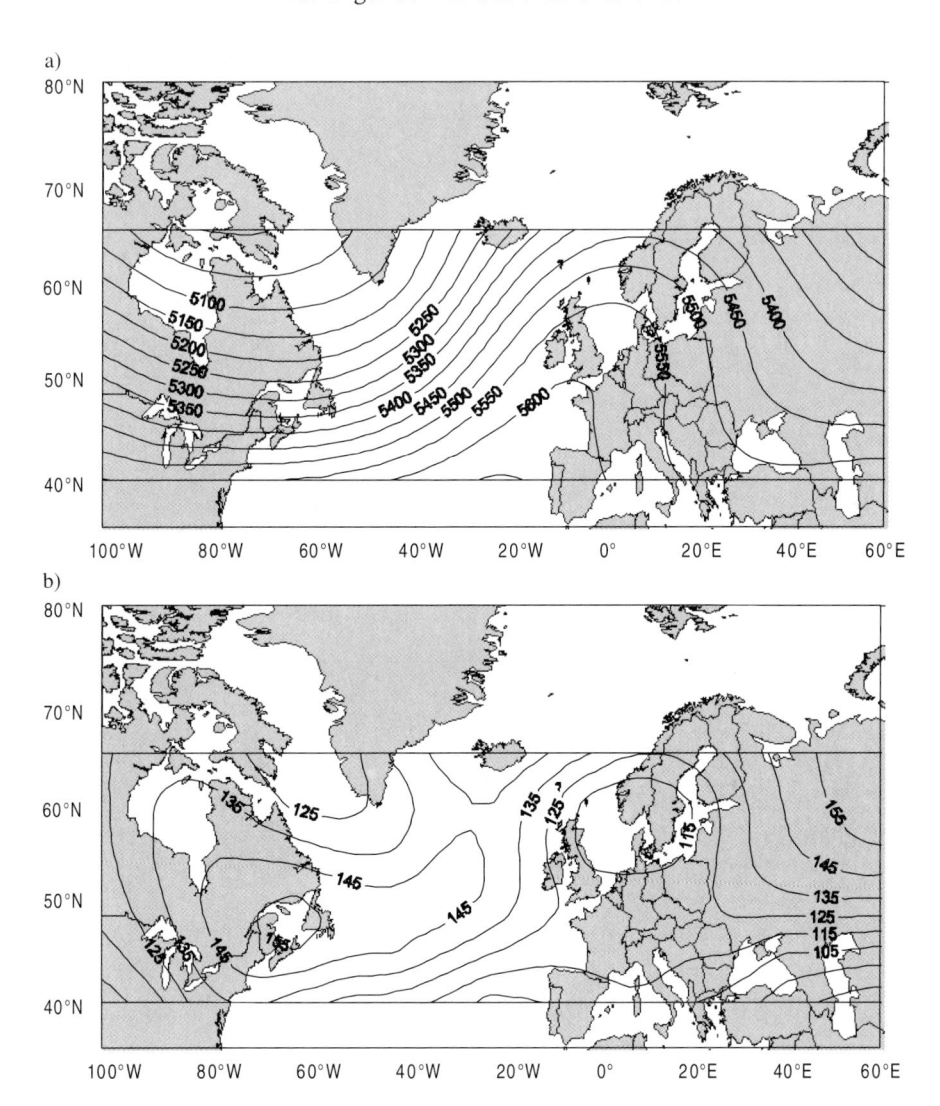

b)

c)

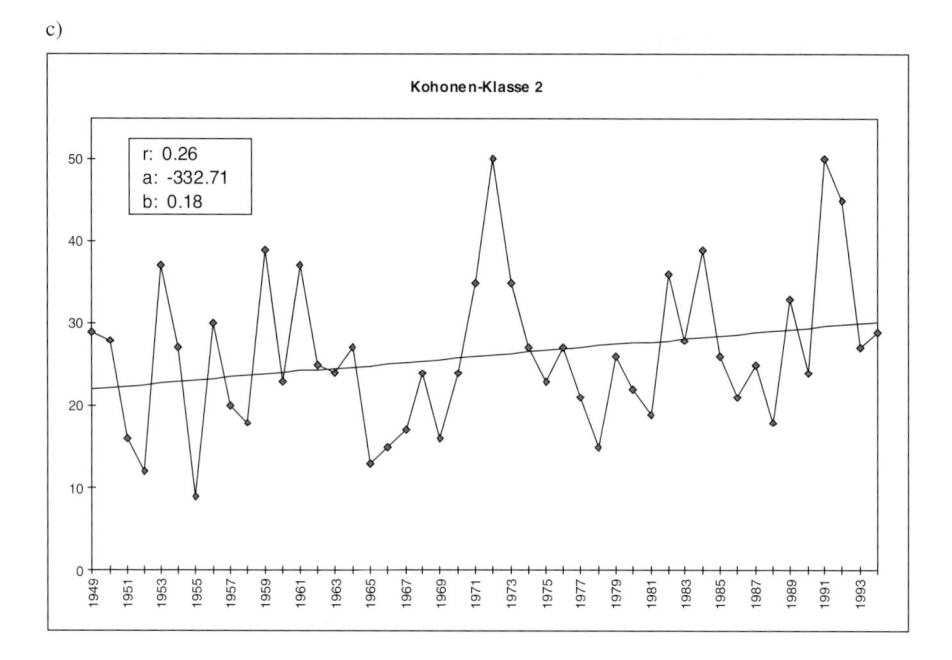

Kohonen-Klasse 2

r: 0.26
a: -332.71
b: 0.18

Abb. 28: Mit Hilfe einer selbstorganisierenden Kohonen Karte extrahiertes zweites Raummuster der Geopotentiale, das sich durch Mittelbildung über alle Wintertage der zweiten Klasse ergibt (a) sowie die zugehörige Standardabweichung (b). Zeitreihe der Auftrittshäufigkeiten von Tagen, die der zweiten Klasse im Zeitraum 1949-1994 zugeordnet wurden (c).

Das Raummuster der Geopotentialstruktur zeigt für die dritte Klasse eine allgemeine Südverlagerung der Isohypsen gegenüber den Klassen 1 und 2 (Abb. 29a). Die Standardabweichungen sind im Bereich des ostamerikanischen Troges schwach signifikant geringer als für zufällig ausgewählte Tage. Im Bereich des kaum ausgebildeten europäischen Rückens sind die Standardabweichungen für die klassifizierten Tage ähnlich groß wie für die zufällig ausgewählten Tage (Abb. 29b, 27b). Die Häufigkeitsentwicklung zeigt (Abb. 29c), daß das Auftreten der Klasse 3 erheblichen Variationen unterliegt, insgesamt aber durch eine geringe Abnahme gekennzeichnet ist. Der Trend ist nicht signifikant, auffällig ist allerdings, daß Klasse 3 in den Jahren seit 1989 nur noch sehr selten aufgetreten

Änderungen der Zirkulationsstrukturen ...   75

ist. Das deckt sich mit der bereits herausgearbeiteten Tatsache, daß die Frontalzone sich in den Wintermonaten der vergangenen Jahre tendenziell nach Norden verlagert hat.

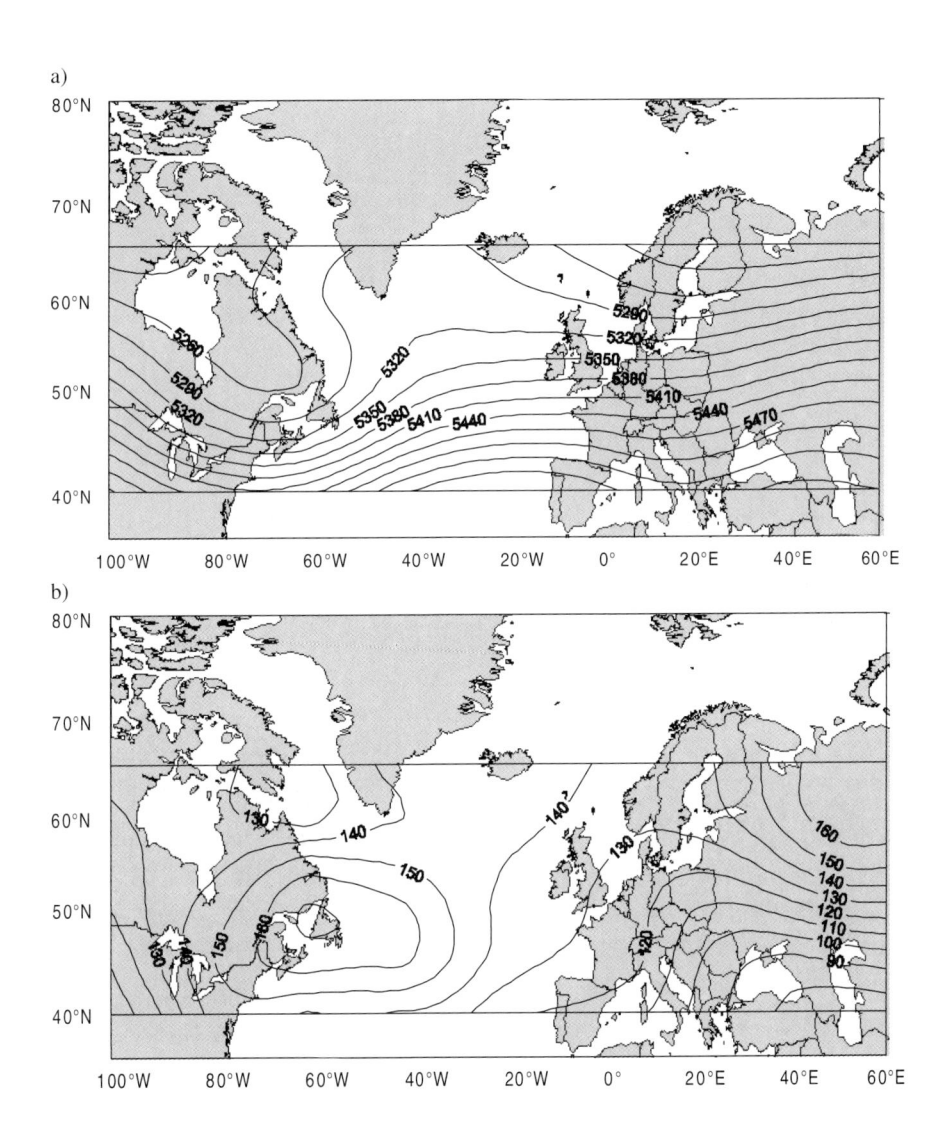

c)

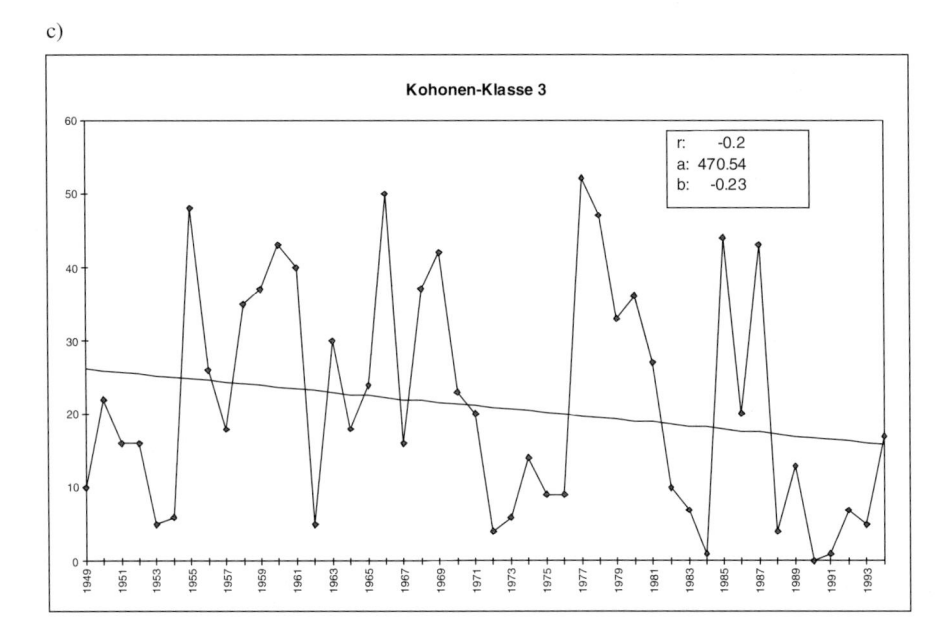

Kohonen-Klasse 3

r: -0.2
a: 470.54
b: -0.23

Abb. 29: Mit Hilfe einer selbstorganisierenden Kohonen Karte extrahiertes drittes Raummuster der Geopotentiale, das sich durch Mittelbildung über alle Wintertage der dritten Klasse ergibt (a) sowie die zugehörige Standardabweichung (b). Zeitreihe der Auftrittshäufigkeiten von Tagen, die der dritten Klasse im Zeitraum 1949-1994 zugeordnet wurden (c).

Die Struktur der 500 hPa-Geopotentiale der Klasse 4 zeigt eine stark zonale Ausrichtung der Geopotentiale (Abb. 30a). Die Standardabweichungen sind fast im gesamten euro-atlantischen Sektor signifikant geringer als im Falle zufällig ausgewählter Tage. Die Häufigkeitsentwicklung zeigt eine signifikante Zunahme der Auftrittshäufigkeiten dieses Raummusters. Bereits im ersten Teil der Arbeit konnte nachgewiesen werden, daß zonale Großwetterlagen tendenziell eine Häufigkeitszunahme im Beobachtungszeitraum erfahren haben. Abb. 30a und 30c bestätigen diese Tendenz.

a)

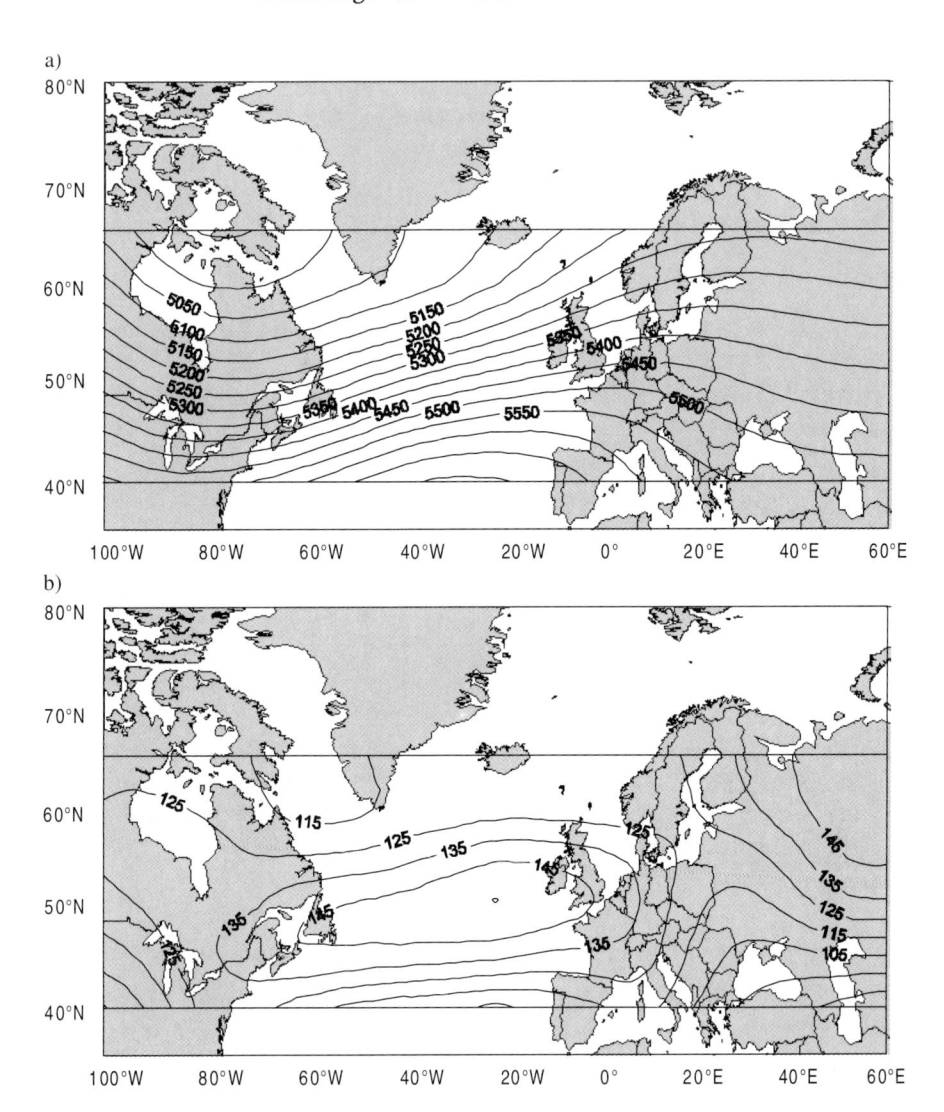

b)

c)

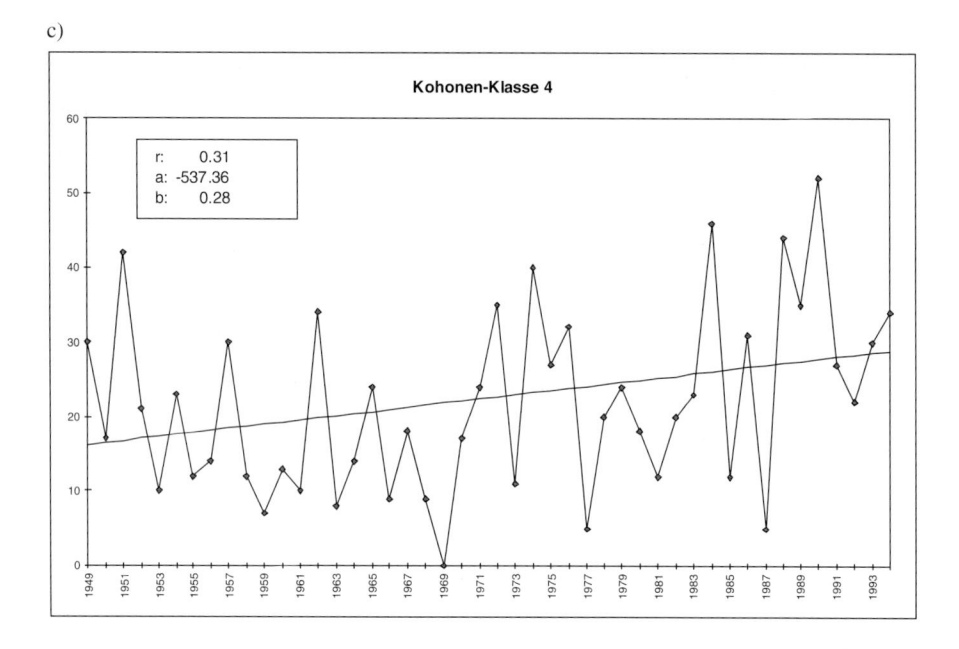

Kohonen-Klasse 4

r: 0.31
a: -537.36
b: 0.28

Abb. 30: Mit Hilfe einer selbstorganisierenden Kohonen Karte extrahiertes viertes Raummuster der Geopotentiale, das sich durch Mittelbildung über alle Wintertage der vierten Klasse ergibt (a) sowie die zugehörige Standardabweichung (b). Zeitreihe der Auftrittshäufigkeiten von Tagen, die der vierten Klasse im Zeitraum 1949-1994 zugeordnet wurden (c).

Eine Wiederholung der Klassifizierung, allerdings mit neun Klassen, bestätigt die mit nur vier Klassen gewonnenen Ergebnisse und erweitert diese durch eine differenziertere Feinstruktur. Die wichtigsten Ergebnisse der im zweiten und dritten Abschnitt dieser Arbeit gewonnenen Ergebnisse werden aber bereits durch die Klassifikation anhand einer selbstorganisierenden Kohonen Karte mit nur vier Klassen bestätigt. Zu nennen sind die Intensivierung des Höhenrückens über West- und Mitteleuropa, die Ostverlagerung des ostamerikanischen und des osteuropäischen Höhentroges sowie die tendenzielle Nordverlagerung und Intensivierung der Westwindzirkulation im Winter.

Änderungen der Zirkulationsstrukturen ...

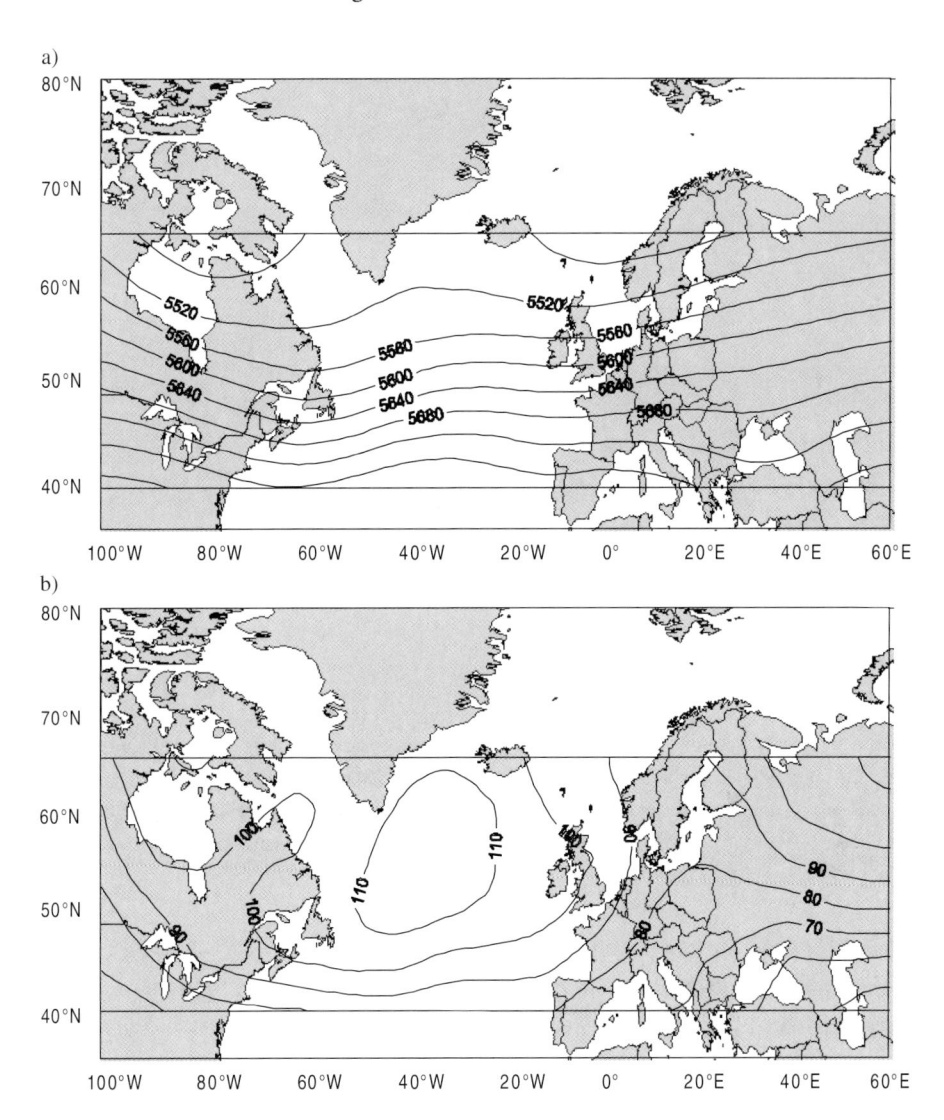

c)

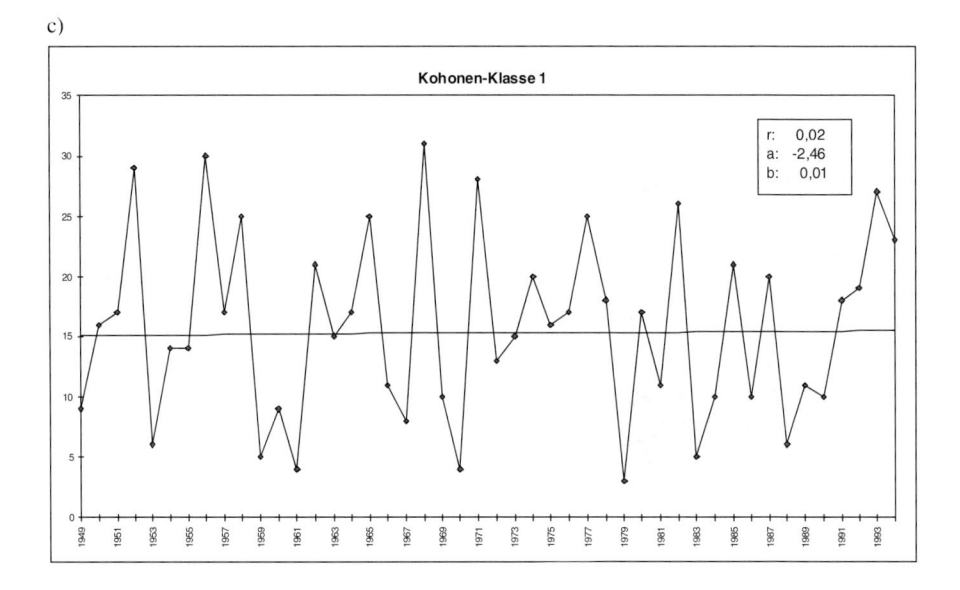

Kohonen-Klasse 1

r: 0,02
a: -2,46
b: 0,01

Abb. 31: Mit Hilfe einer selbstorganisierenden Kohonen Karte extrahiertes erstes Raummuster der Geopotentiale, das sich durch Mittelbildung über alle Sommertage der ersten Klasse ergibt (a) sowie die zugehörige Standardabweichung (b). Zeitreihe der Auftrittshäufigkeiten von Tagen, die der ersten Klasse im Zeitraum 1949-1994 zugeordnet wurden (c).

Auch für die Tage der Sommermonate der Periode 1949-1994 wurde eine Klassifikation anhand der selbstorganisierenden Kohonen-Karte mit vier Klassen durchgeführt. Das Raummuster der mittleren Geopotentiale der Klasse 1 ist weitgehend zonal orientiert. Über dem Atlantik ist ein schwacher Höhenrücken ausgebildet (Abb. 31a). Der ostamerikanische Höhentrog ist etwas nach Osten verlagert und ebenfalls nur sehr schwach entwickelt.

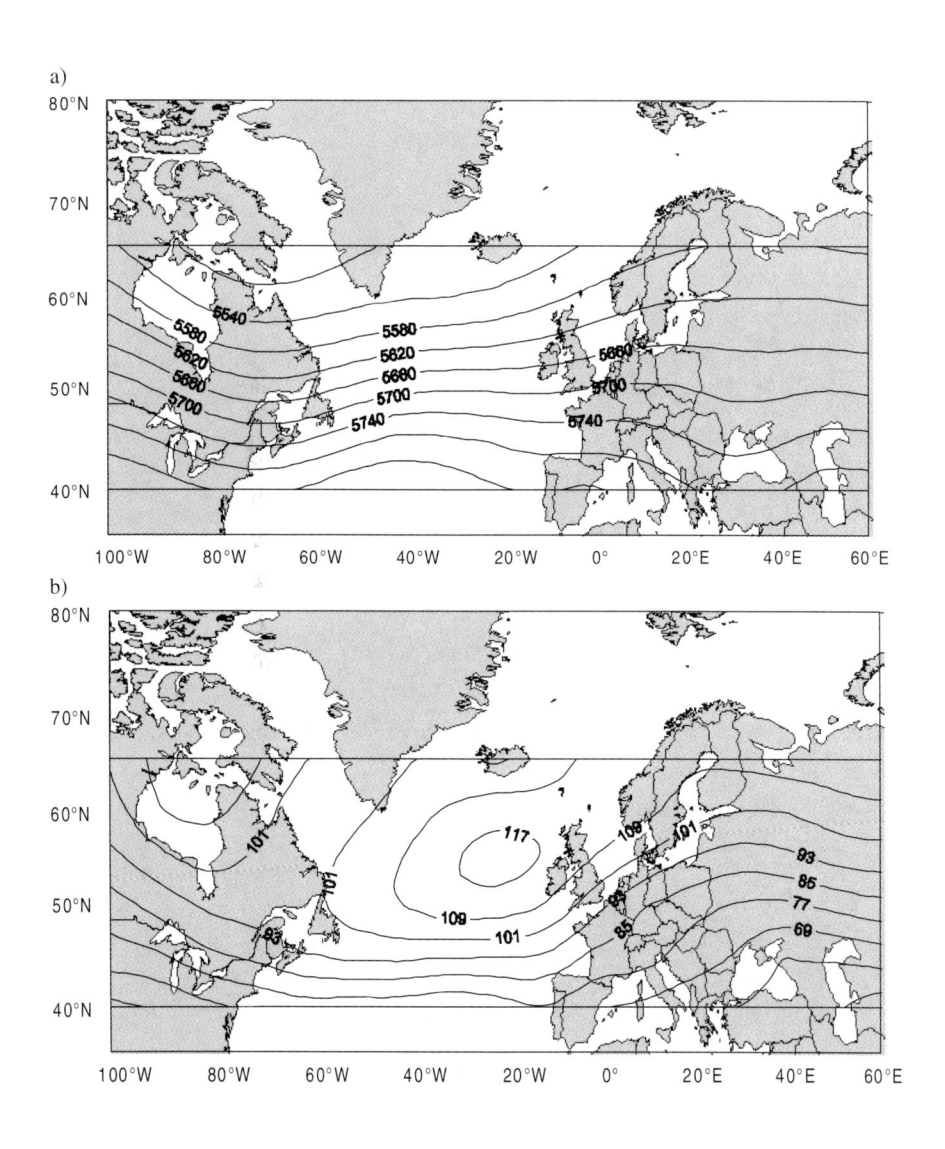

Abb. 32: Mittelwerte (a) und Standardabweichungen (b), berechnet auf der Grundlage von 23 für jeden Sommer der Periode 1949-1994 zufällig ausgewählten Tagen.

Das Raummuster der klassifizierten Geopotentiale entspricht recht genau der mittleren Verteilung der Geopotentiale in den Sommermonaten (Abb. 32a). Die Standardabweichungen sind für die klassifizierten und die zufällig ausgewählten Tage ebenfalls sehr ähnlich. Signifikante Unterschiede treten nicht auf (Abb. 31b, 32b). Die Zahl der Tage, an denen die erste Klasse zu beobachten ist, zeigt weder einen Trend noch näherungsweise periodische Oszillationen.

Die Klassifikationsergebnisse für die zweite Klasse sind in Abb. 33 dargestellt. Kennzeichnend ist ein intensiver Höhenrücken über Mittel- und Nordeuropa. Der ostamerikanische Höhentrog ist nur schwach ausgeprägt. Über dem Atlantik bleibt die Strömung weitgehend zonal ausgerichtet. Die Standardabweichungen sind für die Geopotentialstruktur der Klasse 2 signifikant geringer als im Falle zufällig ausgewählter Tage (Abb. 33b und 32b). Die Häufigkeitsentwicklung zeigt für Klasse 2 einen schwachen negativen Trend (Abb. 33c). Das bedeutet, daß die Häufigkeit des Höhenrückens über Mittel- und Nordeuropa tendenziell abgenommen hat.

Die mittlere Geopotentialstruktur, die sich für die Klasse 3 ergibt, zeigt eine zonale Ausrichtung über dem gesamten Untersuchungsraum. Der ostamerikanische Höhentrog ist nur schwach ausgeprägt, der osteuropäische Höhentrog erscheint über dem Schwarzen Meer. Über Osteuropa, polwärts des osteuropäischen Troges, erscheint ein Höhenrücken (Abb. 34a). Die Standardabweichungen sind für Klasse 3 über großen Bereichen des Untersuchungsraumes deutlich kleiner als im Falle zufällig ausgewählter Tage (Abb. 34b und 32b). Die Häufigkeitsentwicklung der als Klasse drei klassifizierten Tage weist einen ganz schwachen negativen, nicht signifikanten Trend (Abb. 34c) auf. Die Häufigkeit dieser Geopotentialstruktur ist folglich während der gesamten Beobachtungsperiode, abgesehen von den erheblichen Fluktuationen von Jahr zu Jahr, näherungsweise unverändert geblieben.

Das Muster der Geopotentialstruktur der Klasse 4 zeigt den europäischen Höhenrücken im Vergleich zu den Klassen 2 und 3 in der westlichsten Position (Abb. 33a, 34a und 35a).

a)

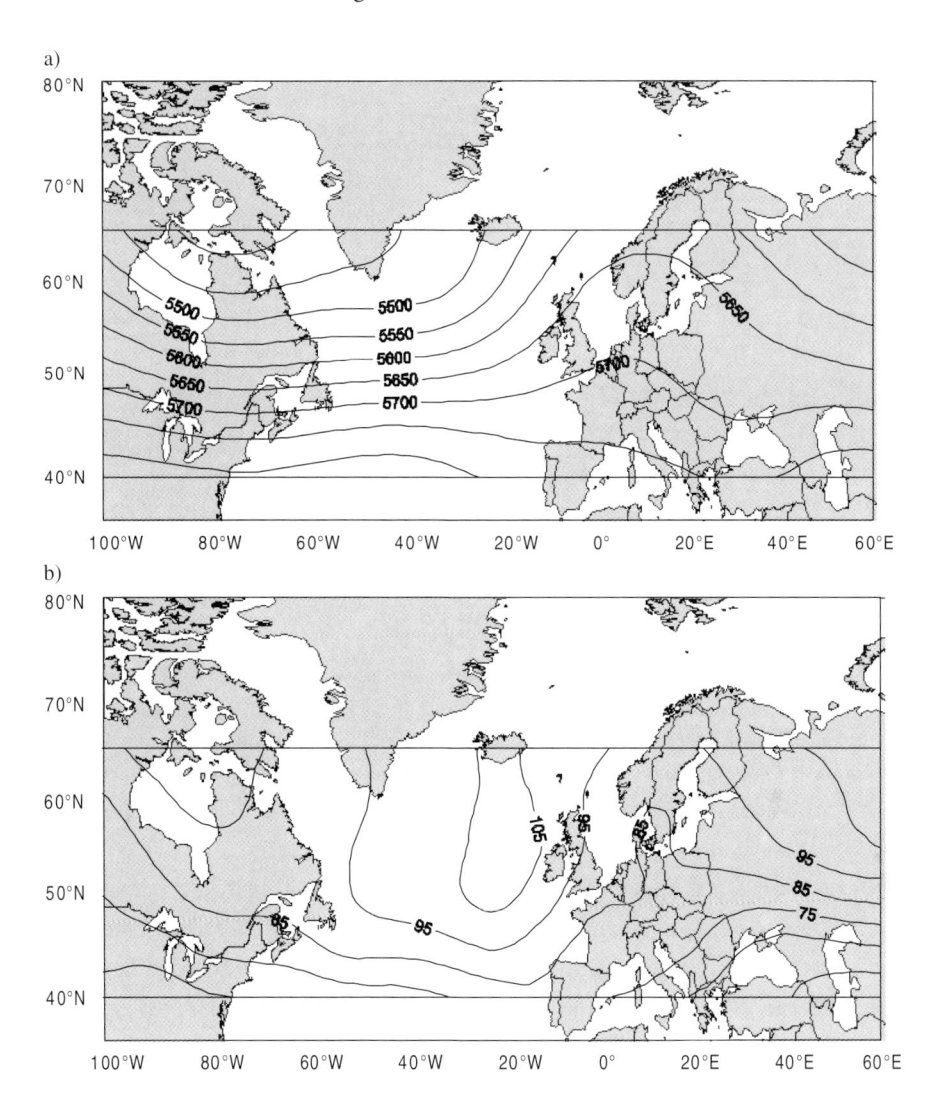

b)

c)

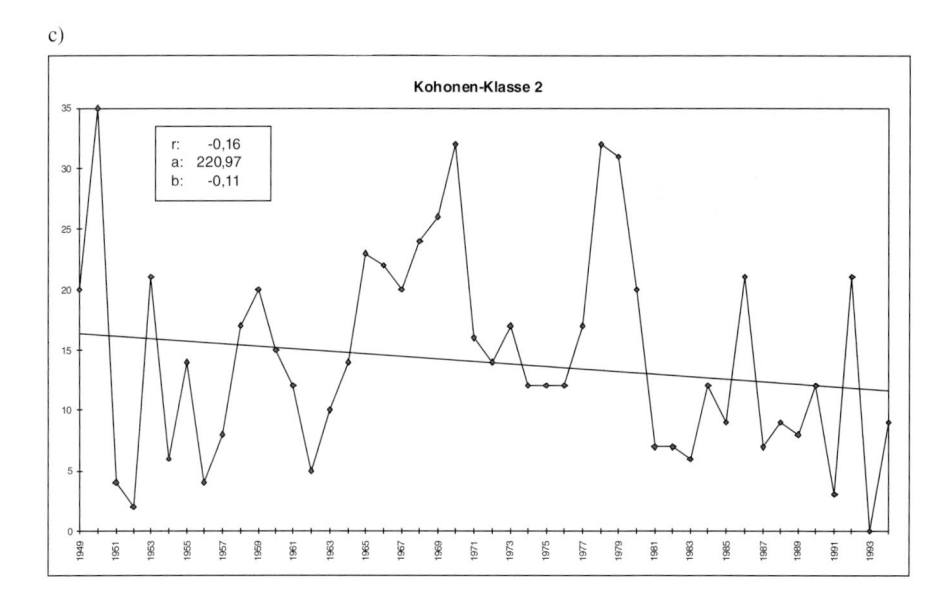

Kohonen-Klasse 2

r: -0,16
a: 220,97
b: -0,11

Abb. 33: Mit Hilfe einer selbstorganisierenden Kohonen Karte extrahiertes zweites Raummuster der Geopotentiale, das sich durch Mittelbildung über alle Sommertage der zweiten Klasse ergibt (a) sowie die zugehörige Standardabweichung (b). Zeitreihe der Auftrittshäufigkeiten von Tagen, die der zweiten Klasse im Zeitraum 1949-1994 zugeordnet wurden (c).

Der ostamerikanische und der osteuropäische Höhentrog sind gut ausgebildet. Die Isohypsen der Geopotentiale sind über dem Osten Nordamerikas gegenüber den mittleren Bedingungen geringfügig äquatorwärts, über Westeuropa hingegen um mehr als 500 km polwärts verlagert. Die Standardabweichungen sind im Norden des Untersuchungsraumes signifikant höher als im Falle zufällig ausgewählter Tage. Die Positionen der Höhentröge und des Höhenrückens sind also vergleichsweise ortsfest.

Änderungen der Zirkulationsstrukturen ...   85

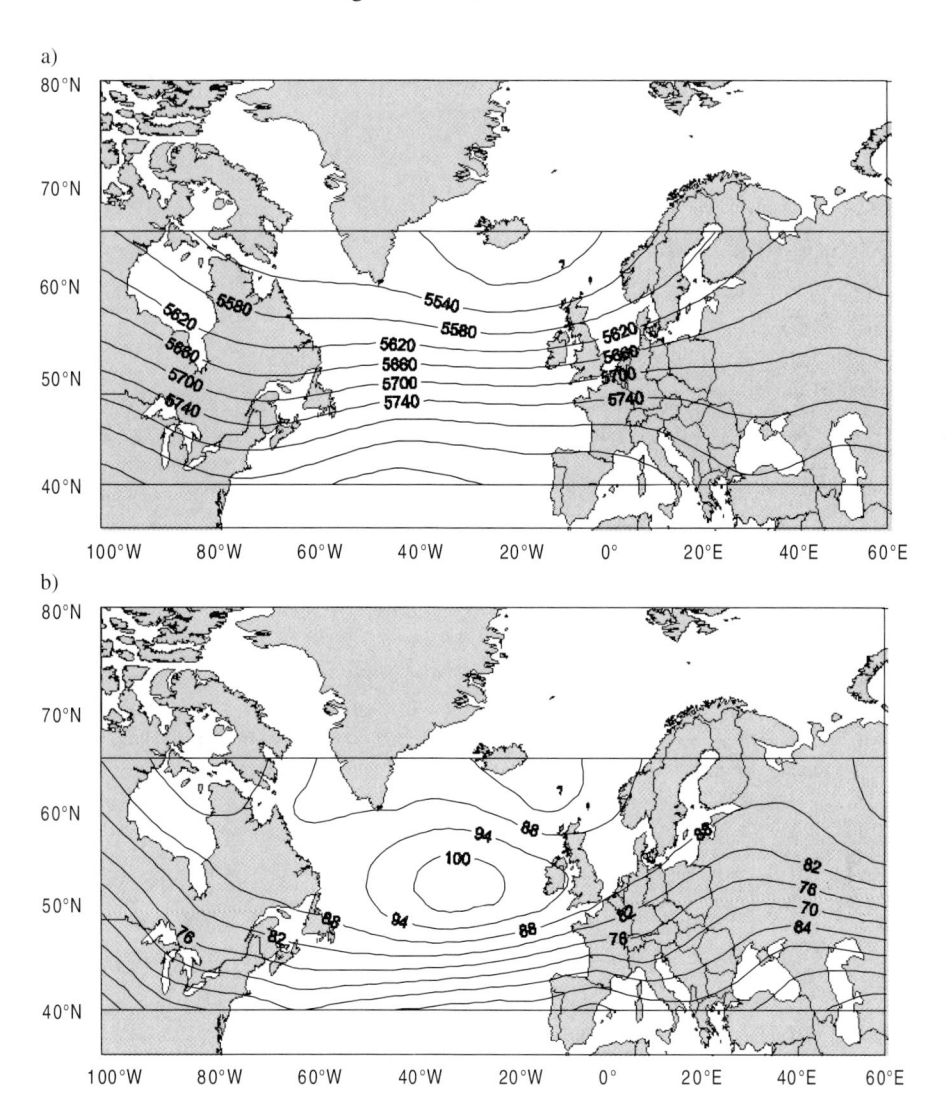

a)

b)

c)

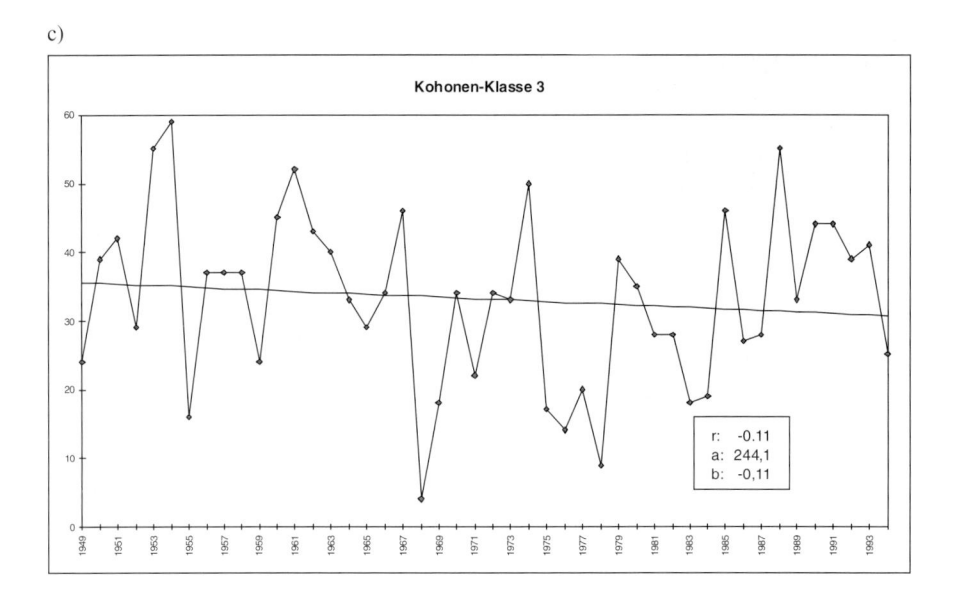

Kohonen-Klasse 3

r: -0.11
a: 244,1
b: -0,11

Abb. 34: Mit Hilfe einer selbstorganisierenden Kohonen Karte extrahiertes drittes Raummuster der Geopotentiale, das sich durch Mittelbildung über alle Sommertage der dritten Klasse ergibt (a) sowie die zugehörige Standardabweichung (b). Zeitreihe der Auftrittshäufigkeiten von Tagen, die der dritten Klasse im Zeitraum 1949-1994 zugeordnet wurden (c).

Die Häufigkeitsentwicklung der zur Klasse 4 gehörenden Tage zeigt einen deutlich positiven Trend. Der Höhenrücken über dem östlichen Atlantik und Westeuropa hat also tendenziell im Laufe des Beobachtungszeitraumes an Bedeutung gewonnen. Gegenüber der Winterposition ist der Höhenrücken in den Sommermonaten weit nach Norden und in seinem südlichen Teil auch weiter nach Westen verschoben.

Änderungen der Zirkulationsstrukturen ... 87

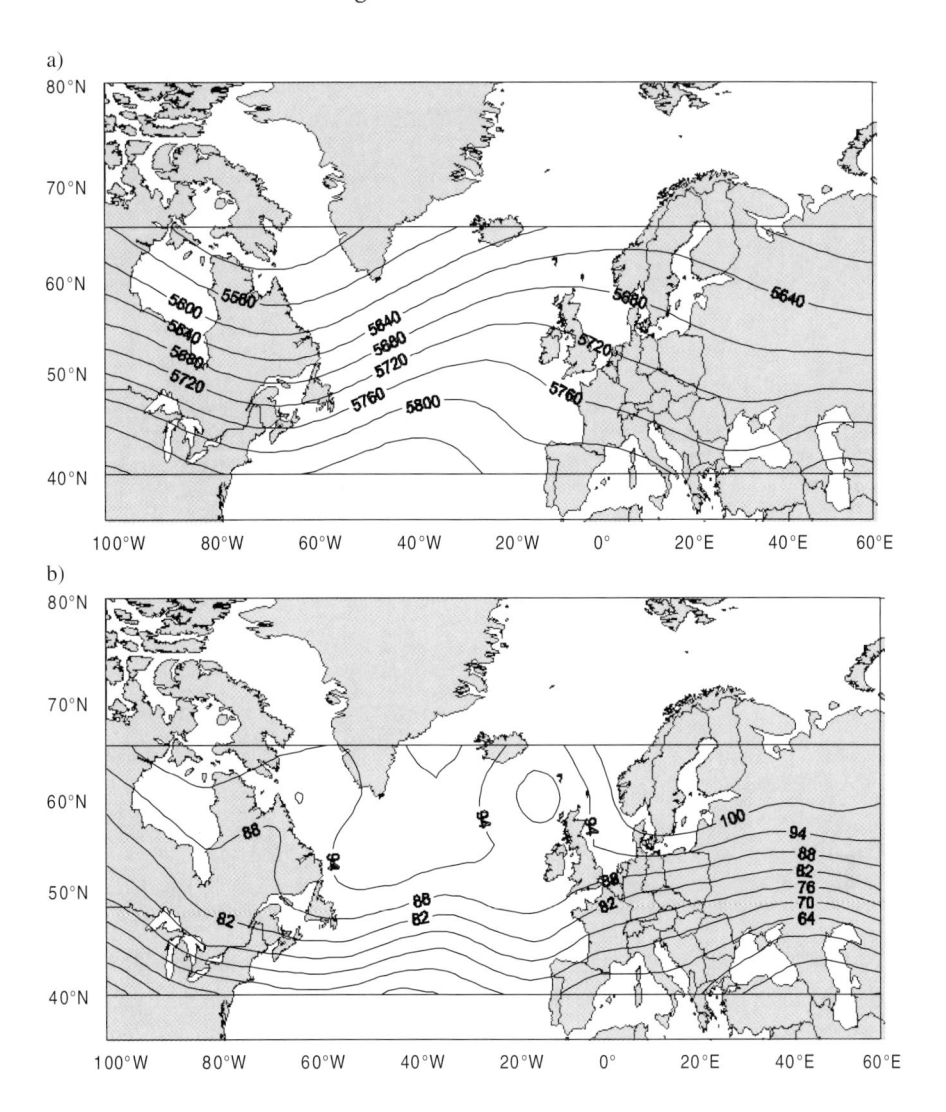

a)

b)

c)

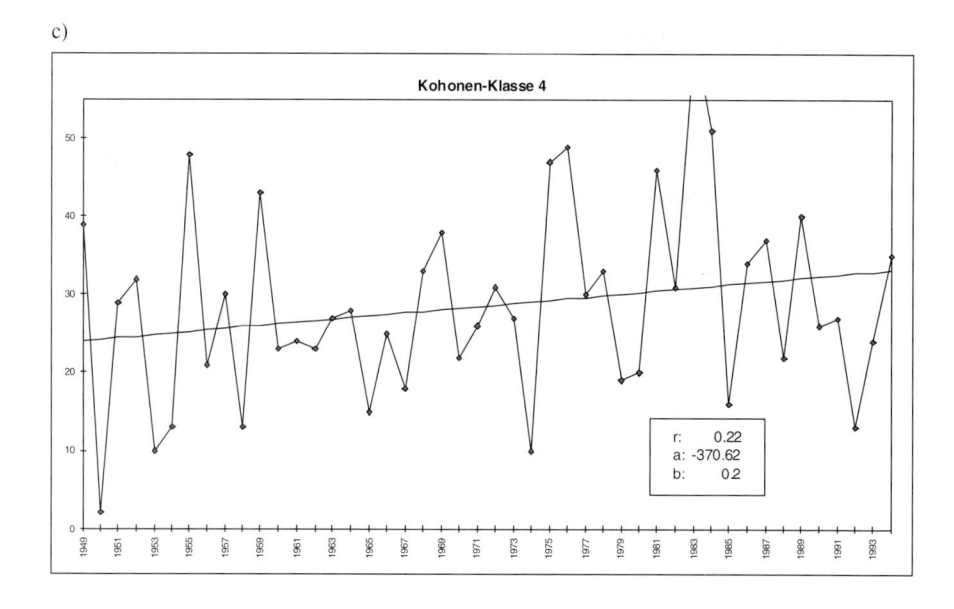

Kohonen-Klasse 4

r: 0.22
a: -370.62
b: 0.2

Abb. 35: Mit Hilfe einer selbstorganisierenden Kohonen Karte extrahiertes viertes Raummuster der Geopotentiale, das sich durch Mittelbildung über alle Sommertage der vierten Klasse ergibt (a) sowie die zugehörige Standardabweichung (b). Zeitreihe der Auftrittshäufigkeiten von Tagen, die der vierten Klasse im Zeitraum 1949-1993 zugeordnet wurden (c).

Zusammenfassend ist festzustellen, daß das angewandte Verfahren in den Wintermonaten zu ähnlichen Ergebnissen führt wie die statistischen Analysen. Ein Vorteil kann darin gesehen werden, daß jeder einzelne Tag klassifiziert wird und demnach weiteren Analysen zugänglich bleibt. Dies ist bei der Klassifikation mit Hilfe der Hauptkomponentenanalye, die auf Monatswerten basiert, nicht möglich. Einige Details, die anhand der Zusammenhänge zwischen den Großwetterlagen und den zugehörigen Höhenströmungen herausgearbeitet wurden, lassen sich mit Neuronalen Netzwerkverfahren, wenn die Klassenzahl auf vier begrenzt bleibt, nur näherungsweise erfassen. Eine Erhöhung der Klassenzahl auf neun ermöglicht, auch diese Details herauszuarbeiten.

Es ist auffällig, daß die Standardabweichungen für die klassifizierten Strukturen auch bei einer Erhöhung der Klassenzahl nicht im gesamten Bereich signifikant unter denen bleiben, die sich für zufällig ausgewählte Tage ergeben. Das Ausmaß der Verallgemeinerungen, die bei der Klassifikation durch die selbstorganisierende Kohonen-Karte erfolgt, übersteigt offenbar das Wünschenswerte. Dies wird ganz besonders bei der Klassifikation der Sommertage deutlich, da in dieser Jahreszeit die Gradienten der Geopotentiale erheblich geringer als im Winter sind und die Struktur der Geopotentialfläche erheblich kleinräumigere und unsystematischere Variationen als im Winter zeigt.

5 Anthropogenes Klimasignal im europäisch-atlantischen Sektor

Die im europäisch-atlantischen Sektor beobachteten Temperaturzunahmen und die damit einhergehenden Zirkulationsänderungen könnten ganz oder teilweise Folge der Emission klimawirksamer Spurengase in die Atmosphäre durch den Menschen sein. Diese Annahme wird durch eine große Zahl von Klimamodellrechnungen gestützt (IPCC, 1990; IPCC, 1996). Folgende Indikatoren sind nach diesen Modellrechnungen auf eine anthropogene Verstärkung des natürlichen Treibhauseffektes zurückzuführen:

- Abnahme der Temperaturen in der Stratosphäre bei gleichzeitiger Zunahme der Temperaturen in der Troposphäre,
- Abnahme der Differenz zwischen den Sommer- und Wintertemperaturen,
- stärkere Zunahme der Wintertemperaturen über den Land- als über den Meeresflächen,
- stärkerer Anstieg der Jahresmitteltemperaturen in den Tropen gegenüber den gemäßigten Breiten,
- stärkste Erwärmung in den hohen nördlichen Breiten im Winter bei gleichzeitiger Konstanz der Sommertemperaturen in diesen Gebieten,
- stärkere Erwärmung der Antarktis im Südwinter als der Arktis im Nordwinter.

Die langjährigen Klimabeobachtungen indizieren andererseits gesichert folgende tatsächlich eingetretenen Veränderungen:

- Abnahme der Temperaturen in der Stratosphäre bei gleichzeitiger Zunahme in der höheren Troposphäre,
- stärkste Erwärmung der Kontinente der gemäßigten Breiten im Frühjahr und Winter,

- Zunahme der globalen Mitteltemperatur um rund 0.5° C in diesem Jahrhundert,
- Die wärmsten vier Jahre seit Beginn der Instrumentenmessung waren die Jahre 1983, 1987, 1988 und 1990,
- stärkere Zunahme der Nacht- als der Tagestemperaturen über den Landflächen,
- Änderung der Klimavariabilität, Häufigkeitsanstieg extremer Klimaereignisse,
- Zunahme der Winterniederschläge in den gemäßigten Breiten, Abnahme der Niederschläge zwischen 5° - 35° N.

Der Vergleich der prognostizierten mit den tatsächlich beobachteten Änderungen zeigt, auch unter Berücksichtigung der in den vorangehenden Abschnitten dieser Arbeit vorgelegten Ergebnisse, erhebliche Übereinstimmungen. Ein absolut gesicherter Nachweis der globalen anthropogenen Klimabeeinflussung ist dadurch allerdings nicht gegeben. Dieser kann erst dann als erbracht angesehen werden, wenn für einen hinreichend langen Zeitraum Modelldaten, die das anthropogene Treibhaussignal enthalten, mit den tatsächlichen Beobachtungsdaten signifikant übereinstimmen.

Als anthropogenes Treibhaussignal wird die Veränderung eines Klimaelementes im Klimamodellexperiment verstanden, die sich als Folge einer Erhöhung der Konzentration klimawirksamer Gase ergibt. In der vorliegenden Untersuchung werden die Ergebnisse der Modellrechnungen mit dem Hamburger gekoppelten Ozean-Atmosphäre-Modell ECHAM-3/LSG zur Beschreibung des anthropogenen Treibhaussignals benutzt. Die Modellrechnungen prognostizieren für den Zeitraum 1880-2049 unter der Annahme einer konstanten 1 %-igen jährlichen Zuwachsrate der klimawirksamen Kohlendioxidkonzentration mit und ohne Berücksichtigung der anthropogenen Aerosolbelastung der Atmosphäre die raumzeitliche Dynamik der wichtigsten Klimaelemente. Die dabei berechneten raumzeitabhängigen Datenstrukturen können als Fingerprint des anthropogenen Klimasignals verstanden und mit den tatsächlich beobachteten raumzeitabhängigen Datenstrukturen verglichen werden.

Unter den verfügbaren Klimaelementen wurde für den in dieser Untersuchung durchgeführten Vergleich von Modell- und Beobachtungsdaten die Schichtmitteltemperatur zwischen der 500 hPa- und 1000 hPa-Fläche für den Bereich nördlich von 55° N ausgewählt. Dieses Klimaelement beschreibt den thermischen Zustand der unteren Troposphäre. In einigen Arbeiten konnte für die Schichtmitteltemperaturen verschiedener Bereiche der Nordhemisphäre ein signifikanter positiver Trend nachgewiesen werden, der weitgehend den Modellprognosen entspricht (Angell, 1988; Christy und Mc Nider, 1994; Malberg und Bökens, 1993). Außerdem sollte sich die anthropogen induzierte globale Temperaturerhöhung in den Schichtmitteltemperaturen stärker und rauschfreier abbilden als in den 2m-Temperaturmessungen, da die Mittelung über die mehr als 5 km mächtige untere Troposphärenschicht das Rauschen unterdrückt und somit ein anthropogenes Klimasignal, falls es vorhanden ist, hervorhebt.

Als Analysedaten finden die täglichen Geopotentialwerte des 500 hPa-Niveaus in der bereits beschriebenen Form sowie die Bodendruckwerte, die ebenfalls auf den SYNOP-Meldungen basieren und in gleicher Weise wie die 500 hPa-Geopotentiale vorverarbeitet wurden, Berücksichtigung. Für die folgenden Trendanalysen erscheint die Homogenität der Beobachtungsdaten ausreichend gesichert.

Das gekoppelten Ozean-Atmosphäre Modell (ECHAM-3/LSG), mit dem die Schichtmitteltemperaturen modelliert wurden, besteht aus dem Global Circulation Model (GCM) des European Centre for Medium Range Weather Forecasts in Reading, das nach klimatologischen Aspekten modifiziert mit einem Ozeanmodell am Hamburger Max-Planck-Institut für Meteorologie verbunden wurde, welches die Wirkungen der ozeanischen Tiefenzirkulation mit in die Simulation einbringt. Benutzt wurden für die hier vorgestellten Untersuchungen die Modelldaten der transienten NEIN-Simulation (New Early Industrial) in Form der Monatsmittelwerte der 500 hPa-Geopotentiale und des Bodendrucks, die auf die Gitternetzweite der Beobachtungsdaten transformiert wurden. Die Berechnung der Schichtmitteltemperatur erfolgte nach einem in Kurz (1990) ausführlich dargestellten Verfahren. Einer Zunahme der Schichtdicke um 20 gpm entspricht im Mittel etwa eine Temperaturerhöhung um 1 K. Diese einfache Beziehung wurde in den vorangehenden Abschnitten wiederholt zur Abschätzung der Veränderungen des 500 hPa-Geopotentialfeldes genutzt. Es ist allerdings zu beachten, daß die Schichmitteltemperatur eine virtuelle Temperatur ist, die einen Temperaturzuschlag für die in der Luftmasse enthaltene latente Wärme enthält. Die einfachen Abschätzungen enthalten folglich einen Fehler, der wegen der niedrigen Temperaturen im polaren Bereich aber gering ist.

Der Vergleich zwischen Modell- und Analysedaten soll gleichzeitig den räumlichen und den zeitlichen Fingerprint des Signals auf seine reale Existenz hin untersuchen. Dazu wird sowohl für die Modell- wie auch für die Beobachtungsdaten für alle 288 Gitterpunkte der Polarkalotte der Trend der mittleren winterlichen, sommerlichen und jährlichen Schichtmitteltemperaturen für alle gleitenden 20-Jahresabschnitte der Modell- und Analysedaten berechnet. Für die Beobachtungsdaten ergeben sich auf diese Weise im Zeitraum 1949-1994 27 Regressionskoeffizienten für jeden der 288 Gitterpunkte, die sich in jeweils 27 Karten für jede Jahreszeit zusammenfassen lassen. Jede dieser Karten kann dem Zentraljahr der 20-jährigen Analyseperiode, die in die Trendanalyse eingeht, zugeordnet werden. 1959 steht folglich für die Trends der Periode 1949-1968, 1985 für die der Periode 1975-1994. In gleicher Weise lassen sich die Regressionskoeffizienten für die Modelldaten des Zeitraumes 1880-2049 in Form von zweimal 150 Karten erfassen. Der erste Kartensatz basiert auf den Modelldaten ohne, der zweite mit Aerosolbelastung.

Das anthropogene Treibhaussignal bestimmt in den Modelldaten als Folge der jährlich um ein Prozent ansteigenden CO_2-Konzentration zunehmend stärker die raum-zeitliche Struktur der Schichtmitteltemperaturen. Die Aerosolbelas-tung der Atmosphäre, die die Wirkungen des Treibhauseffektes in den Modelläufen um etwa ein Drittel reduziert, bleibt zunächst in den durchgeführten Analysen unberücksichtigt.

Qualitativ könnte man nun für jede Jahreszeit die 27 Karten der Analysetrends mit den 150 Karten der Modelltrends vergleichen, um Ähnlichkeiten in der räumlichen Verteilung dieser Trends herauszufinden. Für den quantitativen Vergleich bietet sich eine Korrelationsanalyse an. Um diese durchführen zu können, werden die Regressionskoeffizienten der jeweils zu vergleichenden Karten von einem festen, in beiden Karten gleichbleibenden Gitterpunkt beginnend in gleichbleibender Reihenfolge als Komponenten zweier eindimensionaler Variablen angeordnet. Der Korrelationskoeffizient zwischen diesen beiden Variablen ist hoch, wenn die räumlichen Strukturen der Modell- und Analysetrends eine große Ähnlichkeit aufweisen. Es bietet einige Vorteile, die in Hasselmann (et al. 1995) und in Paeth (1996) erörtert werden, wenn an die Stelle der Korrelationskoeffizienten die Skalarprodukte der Variablen als Ähnlichkeitsmaß treten. Qualitativ werden die Ergebnisse durch diese Vorgehensweise, die als suboptimale Fingerprintmethode bezeichnet wird (Hasselmann et al., 1995), nicht verändert.

In Abb. 36a sind die Skalarprodukte zwischen Analyse- und Modelltrends für alle 27 X 150 Variablen (Karten) in Matrixform aufgetragen. Berücksichtigt wurden aber nicht die Trendwerte aller 288 Gitterpunkte der Polarkalotte, sondern nur die Regressionskoeffizienten, die den Trend der Schichtmitteltemperaturen im Bereich Eurasiens repräsentieren. Dabei handelt es sich zunächst um 56 Gitterpunkte, die allerdings wegen des Vergleichs mit den Ergebnissen der später durchzuführenden optimalen Fingerprintmethode zu neun repräsentativen Gitterpunkten zusammengefaßt wurden. Die für die neun Gitterpunkte vorgelegten Ergebnisse stimmen weitestgehend mit denen überein, die sich für ein Netz von 56 Gitterpunkten ergeben. Eine Analyse der gesamten Polarkalotte wurde von Paeth (1996) durchgeführt.

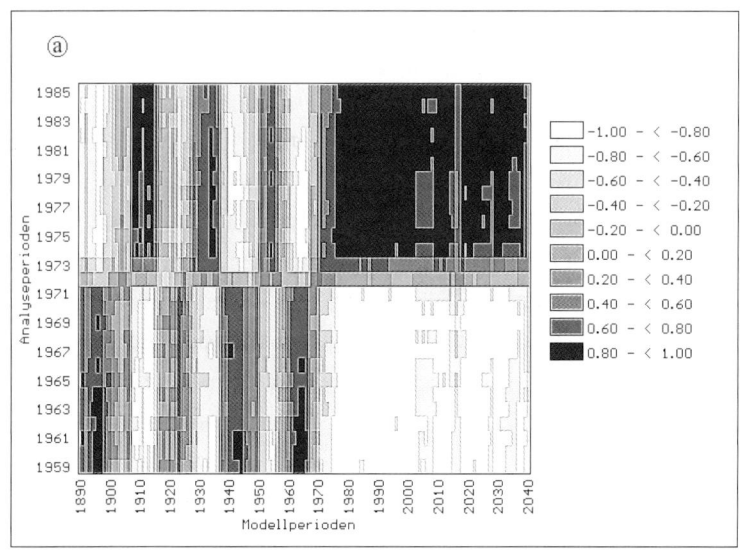

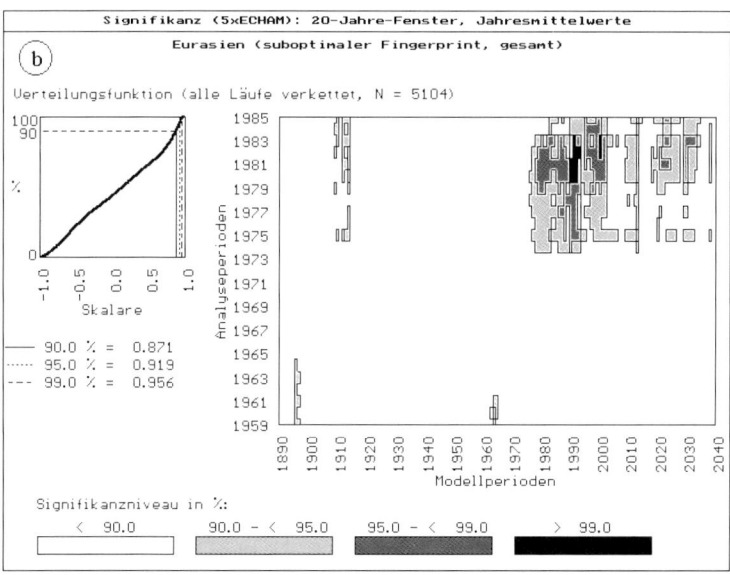

Abb. 36: Skalarprodukte (Suboptimaler Fingerprint) zwischen Analyse- und Modelltrends für die Trends der jährlichen 500 hPa-Schichtmitteltemperaturen der 27 Zwanzigjahresperioden der Analyse- und der 150 Zwanzigjahresperioden der Modelldaten für Eurasien (a) sowie deren Signifikanz (b).

Wie beim Korrelationskoeffizient bringen Werte des Skalarproduktes über 0.8 einen sehr engen Zusammenhang zwischen den Variablen zum Ausdruck. Unübersehbar besteht ab 1972 ein sehr enger Zusammenhang zwischen der raumzeitlichen Dynamik der Modell- und Analysetrends. Ein negativer Zusammenhang kennzeichnet durchgängig die Beziehung zwischen den Analysetrends des Zeitintervalls 1959-1972 und den Modelltrends zwischen 1972-2040. In dieser Periode verhielten sich die Variationen der Analysedaten nahezu invers zu denen der Modelldaten. In der Periode 1972 - 1985 dominierten durchgängig hohe positive Skalarprodukte. Das bedeutet, daß die über Eurasien beobachteten Trends der letzen 20 Jahre sehr genau denen entsprechen, die unter Einfluß des anthropogenen Treibhaussignals für die Zeit nach 1972 prognostiziert werden.

Zur Überprüfung der Signifikanz dieser Zusammenhänge werden die Ergebnisse von fünf Modelläufen herangezogen (ECHAM-3), in denen die Schichtmitteltemperaturen im Bereich der Polarkalotte für unterschiedliche Zeiträume ohne die Wirksamkeit eines anthropogenen Treibhaussignals bestimmt wurden. In der bereits beschriebenen Form lassen sich die Raummuster der Trends dieser Schichtmitteltemperaturen bilden und durch ihre Skalarprodukte miteinander vergleichen. Dabei ergeben sich 10 Matrizen mit insgesamt 5104 Skalarprodukten. Die kumulative Häufigkeit dieser Skalarprodukte (Abb. 36b, Verteilungsfunktion) folgt in guter Näherung einer logistischen Funktion. Die Verteilung der Skalarprodukte ist deshalb näherungsweise normalverteilt. Folglich lassen sich die Werte der Skalarprodukte bestimmen, deren Auftreten nur noch mit einer 10-, 5- und 1 %-igen Irrtumswahrscheinlichkeit durch Zufall erklärbar ist. Die Kennzeichnung dieser Signifikanzniveaus in Abhängigkeit zu den zugehörigen Skalarprodukten zeigt in Abb. 36b, daß ein erheblicher Teil der Skalarprodukte im Zeitraum nach 1972 das 5 % und 1 % Signifikanzniveau überschreitet.

Änderungen der Zirkulationsstrukturen ... 97

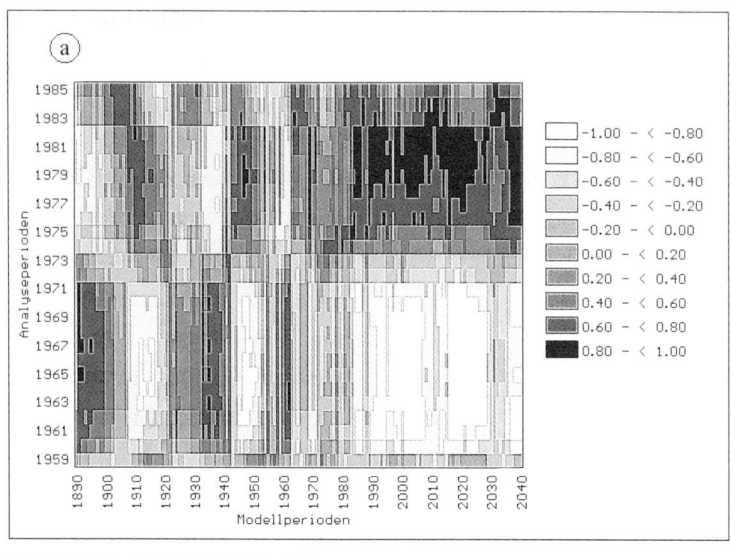

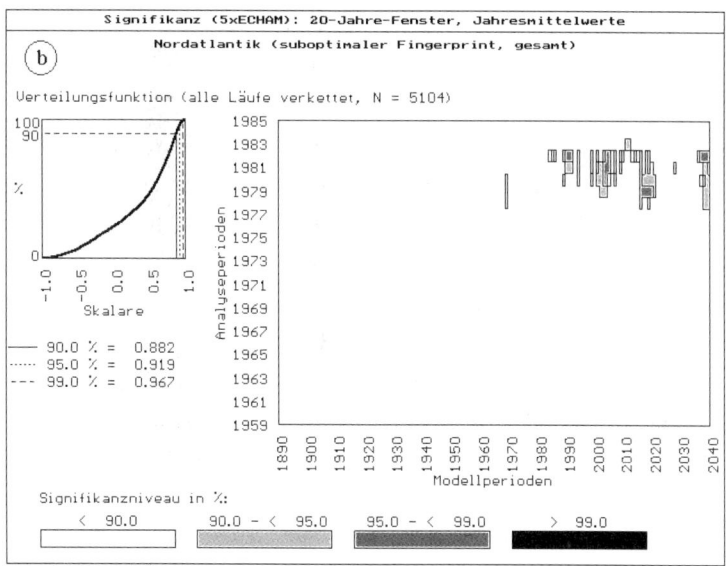

Abb. 37: Skalarprodukte (Suboptimaler Fingerprint) zwischen Analyse- und Modelltrends für die Trends der jährlichen 500 hPa-Schichtmitteltemperaturen der 27 Zwanzigjahresperioden der Analyse- und die 150 Zwanzigjahresperioden der Modelldaten für den Nordatlantik (a) sowie deren Signifikanz (b).

Für die 44 Gitterpunkte des Nordatlantiks, die ebenfalls aus Vergleichsgründen auf neun repräsentative Gitterpunkte reduziert wurden, lassen sich in gleicher Weise die Trends der Analyse- und Modelldaten berechnen und über die Bildung der Skalarprodukte miteinander vergleichen. Die Ergebnisse sind in Abb. 37a und b zusammengefaßt. Weniger deutlich als für den eurasischen Kontinent ist ab 1972 ein enger Zusammenhang zwischen den Raummustern der Analyse- und der Modelltrends erkennbar. Das Signifikanzniveau wird allerdings erst nach 1979, wenn auch weniger durchgängig als im Falle Eurasiens, überschritten.

Die raum-zeitliche Entwicklung der beobachteten und der modellierten Schichtmitteltemperaturen zeigt also über Eurasien nach 1972 eine durch Zufall nur noch in weniger als 5 % aller Fälle erklärbare Ähnlichkeit. Der Fingerprint des anthropogenen Treibhaussignals bildet sich in der raum-zeitlichen Struktur der beobachteten Schichtmitteltemperaturen im Bereich Eurasiens signifikant ab. Für den Nordatlantik gilt diese Aussage nur mit Einschränkung ab 1979.

Das anthropogene Klimasignal wird in der raum-zeitlichen Dynamik der Analysedaten und der Modelldaten von den natürlichen Fluktuationen des Klimas überlagert. Wünschenswert wäre eine Trennung des anthropogenen (Signal) und des natürlichen (Rauschen) Anteils der Fluktuationen. Mit der von Hasselmann et al. (1995) entwickelten optimalen Fingerprintmethode kann diese Trennung erfolgen.

Die Anwendung dieses Verfahrens erfordert aus rechentechnischen Gründen die Reduktion der 44 Gitterpunkte des Nordatlantiks und der 56 Gitterpunkte Eurasiens auf jeweils neun repräsentative Gitterpunkte. Aus fünf Modellläufen des Hamburger Klimamodells, die ohne die Annahme einer anthropogenen Klimabeeinflussung erfolgten, wurde die natürliche Klimavariabilität in Form zweier 9-dimensionaler Kovarianzmatrizen getrennt für den Nordatlantik und Eurasien bestimmt. Zur Maximierung des Signal-Rauschverhältnisses in den Modell- (1 %-ige CO_2-Zunahme) und Beobachtungsdaten wurden alle Regressionskoeffizienten mit den Inversen der Kovarianzmatrizen multipliziert. Dadurch wird die natürliche Klimavariabilität in optimaler Weise aus den Modell- und Analysedaten herausgefiltert (Hasselmann et al., 1995). Die so bereinigten Modell- und Analysedaten wurden ebenso wie bei der suboptimalen Methode mit Hilfe der Skalarprodukte miteinander korreliert.

Für Eurasien zeigt Abb. 38a die Skalarprodukte der Trendwerte für den optimalen Fingerprint in Matrixform. Der Vergleich mit Abb. 36a läßt erkennen, daß die Skalarprodukte nur noch selten die Werte erreichen, die bei der suboptimalen Methode für den Zeitraum nach 1972 durchgängig kennzeichnend sind. Das bedeutet, daß natürliche Klimafluktuationen, die beim optimalen Fingerprintverfahren herausgefiltert wurden, für einen großen Teil dieser signifikanten Übereinstimmungen verantwortlich sind. Die Gesamtzahl der signifikanten Übereinstimmungen reduziert sich infolge der Filterung der natürlichen Fluktuationen um schätzungsweise die Hälfte in dem rechten oberen Matrixsektor, der das Zeitfenster umfaßt, in dem am ehesten mit dem Auftreten des anthropogenen Klimasignals zu rechnen ist. Etwa 50 % der Übereinstimmungen zwischen den Raummustern der Modell- und Beobachtungstrends werden folglich durch natürliche Klimafluktuationen bedingt, die zufällig mit dem anthropogenen Treibhaussignal gleichgerichtet sind.

Für den Nordatlantik zeigt der Vergleich der Ergebnisse der sub- und optimalen Methode einen noch stärkeren Rückgang der signifikanten Ähnlichkeiten (Abb. 37 und 39). Ein schätzungsweise 70 %-iger Anteil der im Falle der suboptimalen Methode nachweisbaren signifikanten Ähnlichkeiten wird folglich in diesem Gebiet durch natürliche Fluktuationen verursacht. Paeth (1996) hat für die gesamte Polarkalotte zeigen können, daß ebenfalls rund 70 % der beim suboptimalen Vergleich nachweisbaren signifikanten Ähnlichkeiten zwischen den raum-zeitlichen Mustern der Modell- und Analysewerte auf natürliche, dem anthropogenen Trend gleichgerichtete Trends zurückzuführen sind, das anthropogene Signal also nur für 30 % der als signifikant erkannten Ähnlichkeiten verantwortlich sein kann.

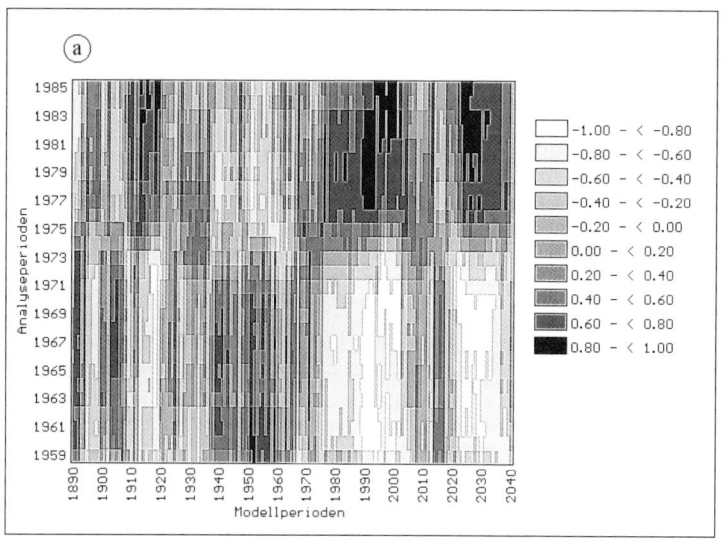

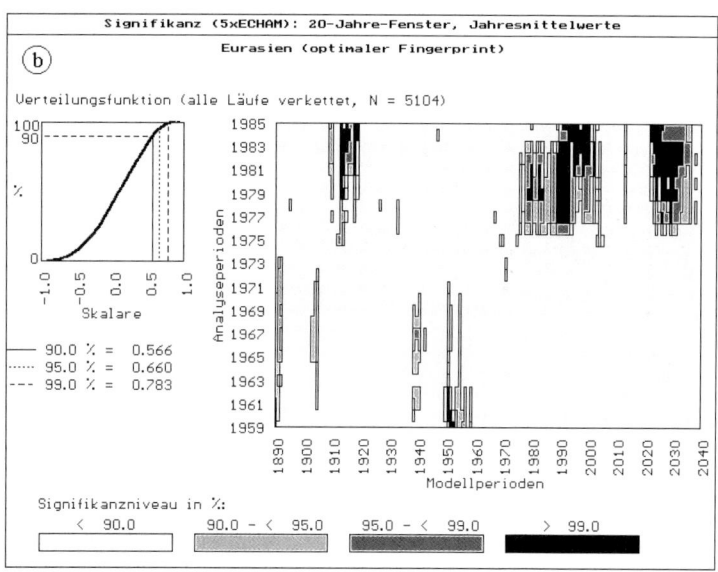

Abb. 38: Skalarprodukte (Optimaler Fingerprint) zwischen Analyse- und Modelltrends für die Trends der jährlichen 500 hPa-Schichtmitteltemperaturen der 27 Zwanzigjahresperioden der bezüglich der natürlichen Klimavariation bereinigten Analyse- und die 150 Zwanzigjahresperioden der Modelldaten für Eurasien (a) sowie deren Signifikanz (b)

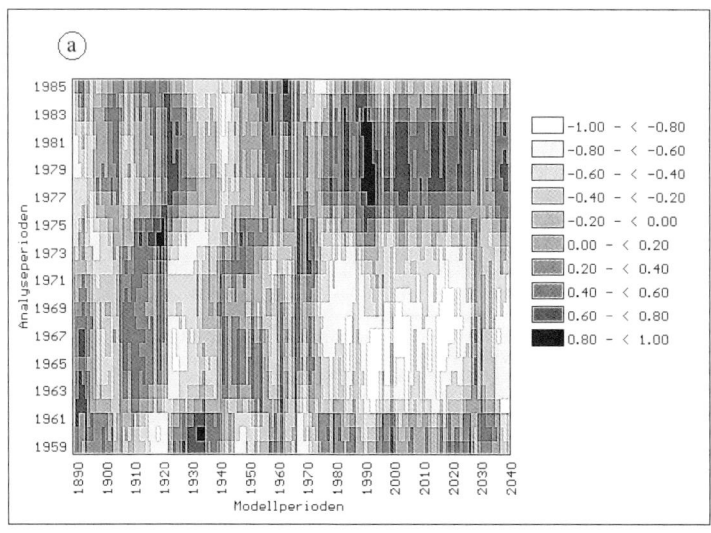

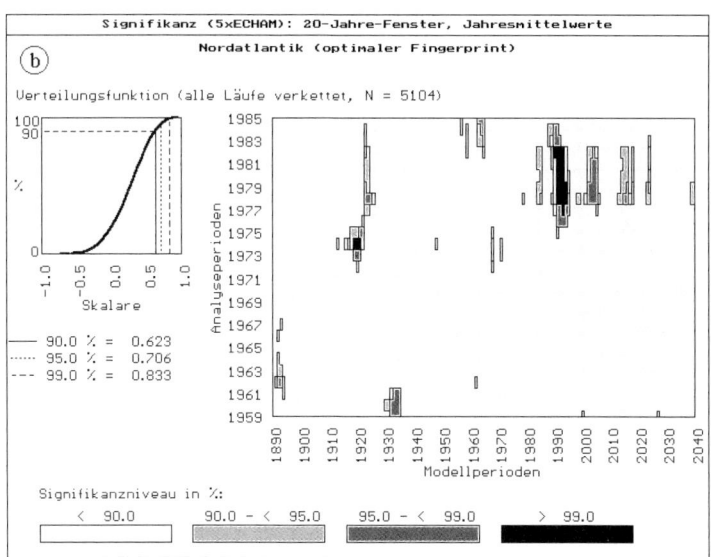

Abb. 39: Skalarprodukte (Optimaler Fingerprint) zwischen Analyse- und Modelltrends für die Trends der jährlichen 500 hPa-Schichtmitteltemperaturen der 27 Zwanzigjahresperioden der bezüglich der natürlichen Klimavariation bereinigten Analyse- und die 150 Zwanzigjahresperioden der Modelldaten für den Nordatlantik (a) sowie deren Signifikanz (b).

Faßt man die Ergebnisse zusammen, so kann festgehalten werden, daß ein anthropogenes Treibhaussignal bis heute mit den angewandten Verfahren nicht eindeutig aus den analysierten Schichtmitteltemperaturen für den Bereich der Polarkalotte zu belegen ist. Die Bedeutung der immerhin in etwa 30 % der Vergleiche zwischen den raum-zeitlichen Strukturen der Modell- und Analysedaten nachgewiesenen signifikanten Ähnlichkeiten darf allerdings auch nicht unterschätzt werden, da dieses Ergebnis weit über einem nach Zufallskriterien zu erwartendem, liegt. Da nach weitgehender Eliminierung der natürlichen Klimavariabilität das verbleibende Restsignal auf das Zusammenwirken aller externen Einflußfaktoren zurückgeht, wäre ein weiterer Schritt zur ausschließlichen Separierung des anthropogenen Treibhaussignals notwendig. Die Theorie dazu ist in Form des multi-Fingerprints bereits verfügbar (Hegerl et al., 1996).

In diesem Zusammenhang muß allerdings auf die Arbeiten von Flohn und seinen Mitarbeitern eingegangen werden, in denen die Möglichkeit der Trennung des anthropogenen und des natürlichen Anteils an der Klimavariabilität aus prinzipiellen Gründen gänzlich in Frage gestellt wird. Flohn et al. (1990; 1992) gehen davon aus, daß das anthropogene Klimasignal der vergangenen Jahrzehnte mit einer Zeitverzögerung von jeweils etwa 20-30 Jahren zu einer geringen Zunahme der Oberflächentemperaturen tropischer Ozeane führte. Diese kann auch tatsächlich nachgewiesen werden. Der Austausch von Kohlendioxid zwischen Atmosphäre und Ozean ist temperaturabhängig und wird folglich durch die Erwärmung der tropischen Ozeane beeinträchtigt. Bei zunehmenden Ozeantemperaturen kann die Kohlendioxid-Aufnahmekapazität des Ozeanwassers soweit reduziert werden, daß Kohlendioxid vom Ozean in die Atmosphäre diffundiert und nicht von der Atmosphäre in den Ozean.

Erhöhte Ozeantemperaturen bewirken außerdem eine Intensivierung der Verdunstungsrate, die bei voller Wirksamkeit eine erhebliche Zunahme des Wasserdampfgehaltes der globalen Atmosphäre bewirken kann. Wolkenbildungs- und Niederschlagsprozesse, die mit der Freisetzung latenter Wärme in der mittleren Troposphäre einhergehen, werden dadurch intensiviert. Als Folge der höheren

Temperaturen in der mittleren tropischen Troposphäre verschärfen sich die meridionalen Temperaturgradienten. Dadurch wird eine Intensivierung der außertropischen Zirkulation eingeleitet, die wiederum zu einer Intensivierung des Energieaustausches zwischen tropischen und außertropischen Breiten führt. Diese kann tatsächlich nachgewiesen werden, wie auch die in dieser Arbeit vorgelegten Befunde zeigen. Im Gegensatz dazu prognostizieren viele Klimamodellrechnungen maximale Erwärmungsraten in den polaren und arktischen Breiten als Folge des anthropogenen Treibhauseffektes. Diese lassen sich anhand der Beobachtungsdaten aber nicht bestätigen.

Die Erhöhung des Wasserdampfgehaltes der Troposphäre löst zusätzlich, da Wasserdampf ein sehr effektives Treibhausgas ist, eine Verstärkung des anthropogenen Treibhaussignals aus. 12-15 W/m² sollen durch die Rückkopplungsprozesse, die mit der anthropogen ausgelösten Erwärmung der tropischen Ozeane beginnen und durch die Wolkenbildungsprozesse sowie den zusätzlichen Treibhauseffekt des Wasserdampfes weiter verstärkt werden, zusätzlich in die Troposphäre gelangen (Flohn et al., 1992). Verglichen mit den maximal 2.5 W/m², die durch die Erhöhung der anthropogenen Treibhausgase dem Klimasystem bis heute zugeführt wurden, bedeutet dies eine mindestens fünffache Verstärkung des anthropogenen Ausgangssignals durch natürliche Rückkopplungsprozesse, die auf der Intensivierung des hydrologischen Kreislaufes basieren. Aus diesen Zusammenhängen folgern Flohn und seine Mitarbeiter (1990): "Thus it is meaningless to separate anthropogenic climatic changes from natural changes; the above mentioned corresponding fluxes of H_2O and CO_2 from the tropical oceans into the atmosphere preclude any attempt to distinguish between them."

Bei Anwendung der suboptimalen Fingerprintmethode konnte in der vorliegenden Arbeit ein signifikanter Zusammenhang zwischen Modell- und Analysedaten nachgewiesen werden. Durch die Eliminierung der natürlichen Klimavariabilität in den Modell- und Analysedaten mit Hilfe der optimalen Fingerprintmethode verloren diese Zusammenhänge erheblich an Signifikanz. Wenn man sich der Einschätzung anschließt, daß die natürlich und anthropogen bedingten Klimavariationen infolge der vielfältigen Rückkopplungen zwischen diesen beiden Impulsgebern nicht zu trennen sind, so weisen die mit der suboptimalen Fingerprintmethode erzielten, hochsignifikanten Ergebnisse darauf hin, daß das anthropogene Klimasignal sich mit hoher Wahrscheinlichkeit bereits in den Variationen der beobachteten Schichtmitteltemperaturen widerspiegelt.

Diese Einschätzung muß aber relativiert werden. Die natürliche Klimavariabilität, die aus den Analyse- und den Modelldaten mit anthropogenem Klimasignal herausgefiltert wurde, ergab sich, wie bereits beschrieben, aus fünf verschiedenen Modellrechnungen, die ohne anthropogenes Klimasignal durchgeführt wurden. Die Anfangsbedingungen bezüglich der Ozeantemperaturen wurden für diese Modelläufe den tatsächlichen Bedingungen der achtziger Jahre angepaßt. Die Modellierung setzt also, wenn das anthropogene Treibhaussignal in den achtziger Jahren bereits eine Erwärmung der tropischen Ozeane auslöste, wie Flohn et al. (1990,1992) nachweisen, mit Ozeantemperaturen ein, deren Höhe bereits durch das anthropogene Treibhaussignal mitbedingt ist.

Ein Teil der anthropogen bedingten Erwärmung der tropischen Ozeane könnte also bereits zu einer Intensivierung des Wasserkreislaufes und den damit einhergehenden Verstärkungen des Ausgangssignals geführt haben. Die in den Modellrechnungen simulierten Klimavariationen können dann aber nicht mehr als rein natürlich bedingt angesehen werden. Die als natürlich im optimalen Fingerprintverfahren eliminierten Klimavariationen enthalten demzufolge vielleicht einen natürlichen und einen anthropogenen Anteil. Es könnte also auch ein unbestimmter Teil des anthropogenen Signals eliminiert worden sein. Das könnte eine Ursache dafür sein, daß die Übereinstimmung zwischen den Trends der Analyse- und der Modelldaten mit anthropogener Komponente bei Anwendung des optimalen Fingerprintverfahrens deutlich geringer ist, als bei Anwendung der suboptimalen Fingerprintmethode. Eine abschließende Bewertung ist nicht möglich, da der Erwärmungsanteil der tropischen Ozeantemperaturen, der auf das anthropogene Treibhaussignal zurückgeht, nicht bekannt ist.

Die stärksten Änderungen der 500 hPa-Geopotentialstruktur erfolgten in den Wintermonaten der Jahre 1949-1994 im Bereich des ostamerikanischen und des osteuropäischen Höhentroges sowie des westeuropäischen Höhenrückens. Für die Winter- und Sommermonate sind die berechneten signifikanten Trends in Abb. 10 für diese Bereiche zusammengestellt. In der Einflußzone des ostamerikanischen und des osteuropäischen Troges sanken die Geopotentiale sowohl im Winter wie auch im Sommer im Vergleich zu den angrenzenden Regionen besonders deutlich ab (Abb. 10a,e; 10b,f). Dabei nahmen die Geopotentiale im Winter um den Faktor zwei bis drei stärker als im Sommer ab. Im Bereich des westeuropäischen Höhenrückens stiegen die Geopotentiale signifikant in der Beobachtungsperiode an (Abb. 10c,g). Dieser Anstieg war im Winter um den Faktor drei stärker als im Sommer.

Diese signifikanten Veränderungen der Geopotentiale beeinflussen die Schichtmitteltemperaturen. Wie bereits erwähnt, entspricht einer Höhenzunahme der 500 hPa-Fläche um 20 gpm einer Temperaturzunahme um näherungsweise 1 K. Wie Abb. 6a zeigt, nahmen im Winter die Geopotentiale in der Beobachtungsperiode im Bereich des ostamerikanischen Höhentroges um insgesamt 70 gpm ab, im Bereich des osteuropäischen Troges betrug die Abnahme nur maximal 30 gpm. Die Geopotentiale in der Einflußzone des westeuropäischen Rückens stiegen gleichzeitig um bis zu 50 gpm an. Das entspricht in den ausgewählten Arealen einer Abnahme der Schichtmitteltemperaturen um mehr als 3 K bzw. fast 2 K und einer Zunahme um 1.5 K im Ablauf der Analyseperiode. Für die Sommermonate liegt die Abnahme der Schichtmitteltemperatur deutlich unter einem Grad im Bereich beider Höhentröge und bei etwas mehr als einem Grad Kelvin im Bereich des westeuropäischen Höhenrückens.

Da diese Bereiche die größten Änderungen aufweisen, wurden die Modelldaten für diese Gebiete in der bereits beschriebenen Form mit Hilfe der suboptimalen und optimalen Fingerprintmethode miteinander verglichen. Repräsentativ für den Bereich des ostamerikanischen Höhentroges wurden Gitterpunkte aus dem Bereich 55-65°N und 60°W-30°W gewählt, für den osteuropäischen Höhentrog im

Bereich 65°N-80°N und 30°E-60°E sowie für den westeuropäischen Rücken im Bereich 55°N-65°N und 10°W-20°E.

In Abb. 40 sind die Skalarprodukte, die aus den Trendwerten der Modell- und Beobachtungsdaten für die Wintermonate mit Hilfe der suboptimalen und der optimalen Fingerprintmethode bestimmt wurden, dargestellt. Auf die Wiedergabe der Signifikanzabschätzung wurde verzichtet. Während für die Jahreswerte im gesamten euro-atlantischen Bereich bei Anwendung der suboptimalen Fingerprintmethode hochsignifikante Zusammenhänge nachgewiesen wurden (Abb. 36 und 37), zeigt das Auftreten hoher Skalarproduktwerte für die Gitterpunkte des ostamerikanischen Höhentroges keinerlei durchgängige Regelhaftigkeit auf. Auch die Anwendung der optimalen Methode ändert daran nichts (Abb. 40b).

Im Bereich des europäischen Höhenrückens ist ab 1980/82 eine durchgängige Häufung hoher Skalarprodukte erkennbar (Abb. 41a), die aber nur für die Skalarprodukte der Trendwerte ab 1982 das Signifikanzniveau übertreffen. Die intensive Ausbildung des europäischen Höhenrückens, die besonders in den Jahren nach 1972 erfolgte (Abb. 10c), steht folglich in guter Übereinstimmung mit der Entwicklung, die die Trends der Modelldaten für den Zeitraum 1980-2040 prognostizieren. Bei Anwendung der optimalen Fingerprintmethode verschwindet das durchgängige Auftreten hoher Skalarprodukte (o.Abb.). Abb. 41b zeigt, daß im Bereich des osteuropäischen Troges hohe Skalarprodukte erst nach 1983 auftreten. Es sind also nur die Trends der drei zwanzigjährigen Zeitreihen, die durch die Zentraljahre 1983-1985 in der Grafik erfaßt werden, die mit den Modelltrends ab 1986 eine gute Übereinstimmung zeigen. Daraus können sicher keine weitreichenden Folgerungen gezogen werden.

Bei Anwendung der optimalen Fingerprintmethode verschwinden die hohen Skalarprodukte weitgehend (o.Abb.). Das ist eigentlich nicht zu erwarten, denn die Inverse der Kovarianzmatrix gewichtet die natürlichen Klimavariationen beim optimalen Fingerprintverfahren so, daß die berechneten Trends in Gebieten mit hoher natürlicher Klimavariabilität eine Bedeutungsminderung gegenüber den

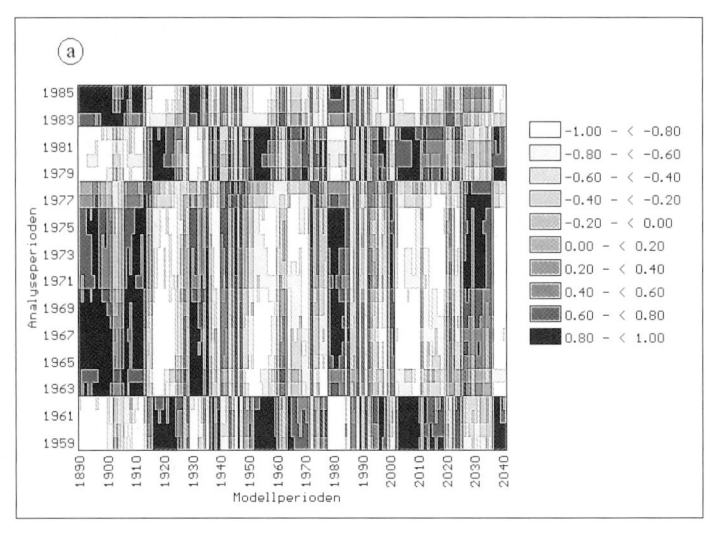

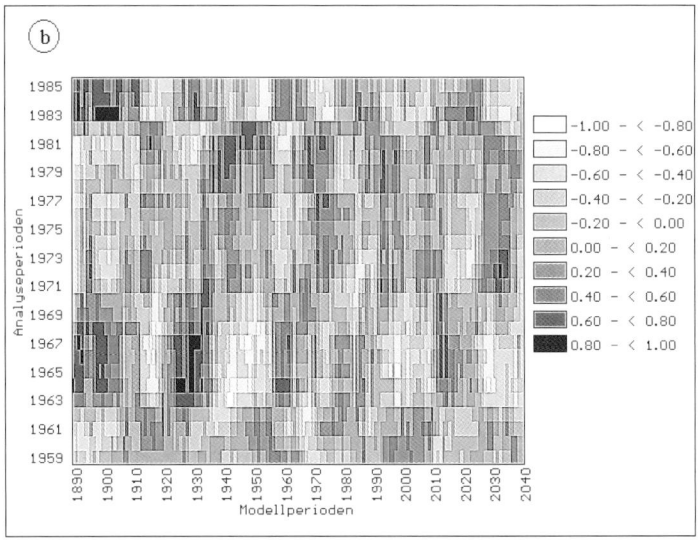

Abb. 40: Skalarprodukte (suboptimaler Fingerprint) zwischen Analyse- und Modelltrends für die Trends der winterlichen (Dez., Jan. Feb.) 500 hPa-Schichtmitteltemperaturen der 27 Zwanzigjahresperioden der Analyse - und die 150 Zwanzigjahresperioden der Modelldaten für den Nordostatlantik (a), sowie Skalarprodukte (Optimaler Fingerprint) wie in (a) aber für die bezüglich der natürlichen Klimavariation bereinigten Analyse- und Modelldaten für den Nordostatlantik (b).

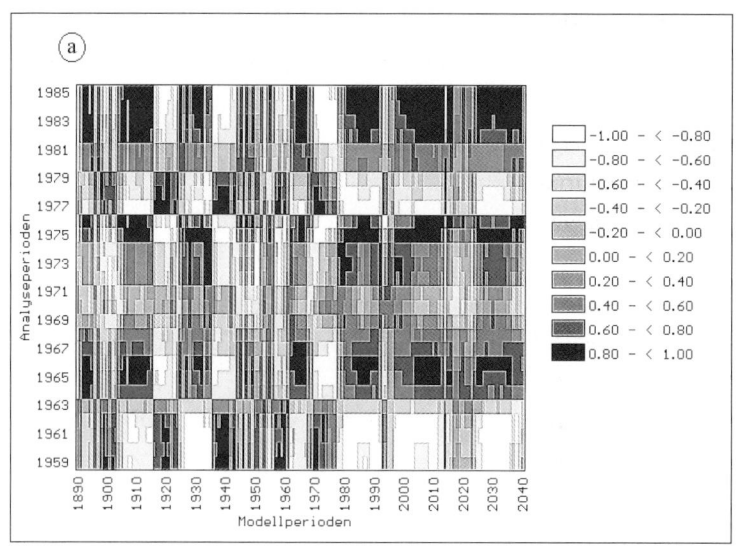

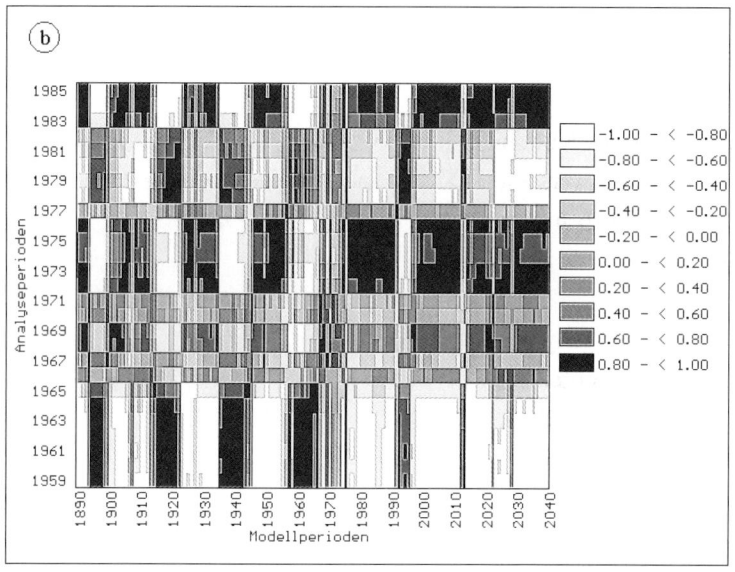

Abb. 41: Skalarprodukte (suboptimaler Fingerprint) zwischen Analyse- und Modelltrends für die Trends der winterlichen (Dez., Jan. Feb.) 500 hPa-Schichtmitteltemperaturen der 27 Zwanzigjahresperioden der Analyse- und die 150 Zwanzigjahresperioden der Modelldaten für Nordeuropa (a) und Nordosteuropa (b).

Trends in weniger variablen Räumen erfahren. Da die Lage der Höhentröge und Höhenrücken durch die Topographie und die Land-Meerverteilung wesentlich mitbestimmt wird, bleiben die Variationen der Geopotentiale im Bereich dieser steuernden Zentren geringer als in deren Umfeld, wie Abb. 27b und 32b zeigen. Die optimale Fingerprintmethode sollte also die Trends im Bereich der Rücken und Tröge im Vergleich zur suboptimalen Methode deutlicher hervortreten lassen.

Für die Sommermonate Juni, Juli, August sind die Skalarprodukte in Abb. 42a für den Bereich des ostamerikanischen Höhentroges dargestellt. Bis auf die Trends der zwanzigjährigen Zeitreihen der Geopotentiale, die auf die Jahre 2012-2018 zentriert sind, treten ausnahmslos hohe positive, überwiegend signifikante Skalarprodukte auf. Die Trends der auf die Jahre 2012-2018 zentrierten Zeitreihen sind in den Modell- und Beobachtungsreihen invers, wie die hohen, meist aber nicht signifikanten Skalarprodukte in Abb. 42a ausweisen. Diese zeitweilig auftretende Gegenläufigkeit der Trends in den Modell- und Beobachtungsdaten steht im Widerspruch zur durchgängigen Übereinstimmung, die beim Auftreten eines anthropogenen Klimasignals zu fordern ist. Bei Anwendung der optimalen Fingerprintmethode verschwindet das Intervall gegenläufiger Trends zwar, die Skalarprodukte bleiben aber mit Werten unter 0.4 weit unter dem Signifikanzniveau (Abb. 42b).

Weitgehende Durchgängigkeit hoher Skalarprodukte ist für den Bereich des westeuropäischen Höhenrückens in Abb. 43a für die Beobachtungsjahre nach 1980 im Sommer erkennbar. Für die Zeitreihen der Modelldaten, die auf die Jahre zwischen 1992-1996 und zwischen 2020-2022 zentriert sind, bleiben die Skalarproduktwerte deutlich unter dem Signifikanzniveau, die verbleibenden Skalarprodukte sind weitgehend signifikant. Es besteht demnach für den Bereich des westeuropäischen Höhenrückens zwischen den Modelldaten ab etwa 1976 bis 2040 und den Beobachtungsdaten ab 1980 ein überzufälliger Zusammenhang. Die seit 1980 zu beobachtende Intensivierung dieses Höhentroges über Westeuropa und die damit einhergehende Zunahme der 500 hPa-Schichtmitteltemperaturen ent-

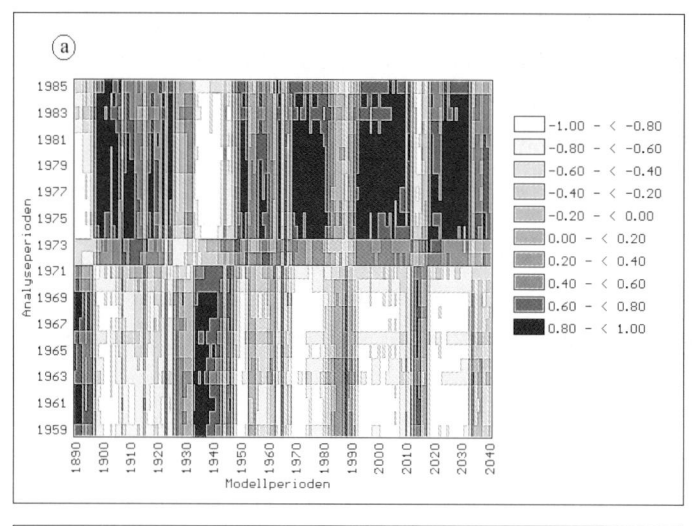

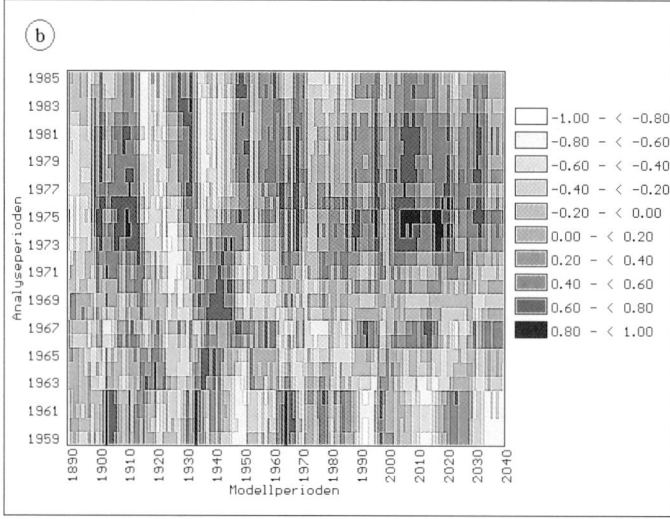

Abb. 42: Skalarprodukte (suboptimaler Fingerprint) zwischen Analyse- und Modelltrends für die Trends der sommerlichen (Juni, Juli, Aug.) 500 hPa-Schichtmitteltemperaturen der 27 Zwanzigjahresperioden der Analyse- und die 150 Zwanzigjahresperioden der Modelldaten für den Nordostatlantik (a), sowie Skalarprodukte (Optimaler Fingerprint) wie in (a) aber für die bezüglich der natürlichen Klimavariation bereinigten Beobachtungs- und Modelldaten für den Nordostatlantik (b).

spricht folglich weitgehend dem Trend, der für diesen Bereich unter Wirkung eines anthropogenen Klimasignals prognostiziert wird. Die Anwendung der optimalen Fingerprintmethode führt zu einer erheblichen Verschlechterung dieses Ergebnisses (o. Abb.).

Im Bereich des osteuropäischen Höhentroges treten anhaltende Phasen mit hohen Übereinstimmungen zwischen den Trends der Beobachtungs- und Modelldaten auf (Abb.43b). Diese werden aber nach den Modelljahren 1985 und nach 2004 für einige Jahre unterbrochen. In diesen relativ kurzen Phasen tritt eine Gegenläufigkeit der Trends in Modell- und Analysedaten in Erscheinung. Ab dem Modelljahr 2028 bleibt diese Gegenläufigkeit bis zum Ende der Modellperiode durchgängig erhalten.

Diese wiederholte Gegenläufigkeit der Trends zwischen Beobachtungs- und Modelldaten ist bei Anwendung der optimalen Fingerprintmethode noch stärker als bei der suboptimalen Fingerprintmethode ausgebildet (o. Abb.). Ein überzufälliger Zusammenhang zwischen der Dynamik der Analyse- und der Modelldaten kann zusammengenommen weder mit der suboptimalen noch mit der optimalen Fingerprintmethode für den Bereich des osteuropäischen Höhentroges nachgewiesen werden.

Jacobeit (1994) hat die Strukturen der monatlichen Geopotentialfelder bei anthropogen verstärktem Treibhauseffekt, die ebenfalls mit dem Hamburger ECHAM-3/LSG Klimamodell berechnet wurden, analysiert. Die Modellrechnungen erfolgten allerdings in der ersten Version von ECHAM-3/LSG aus dem Jahr 1993. Die in dieser Arbeit benutzte Version des Jahres 1996 wurde gegenüber der älteren Version hauptsächlich bezüglich der Wolkenparametrisierung und der Windzirkulation im Nordatlantik verbessert.

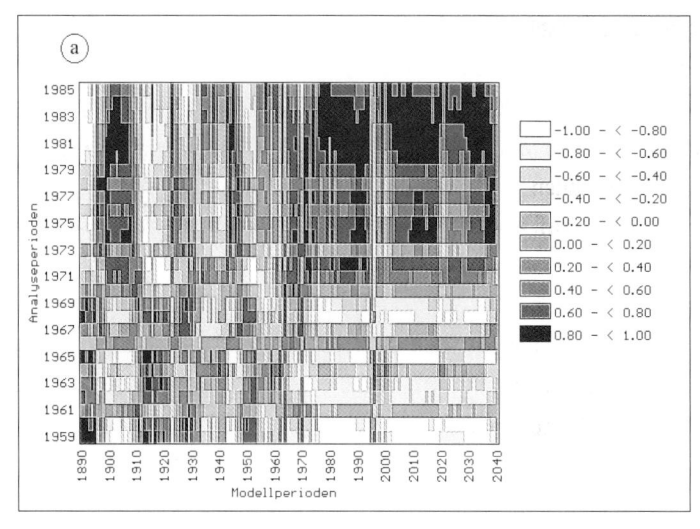

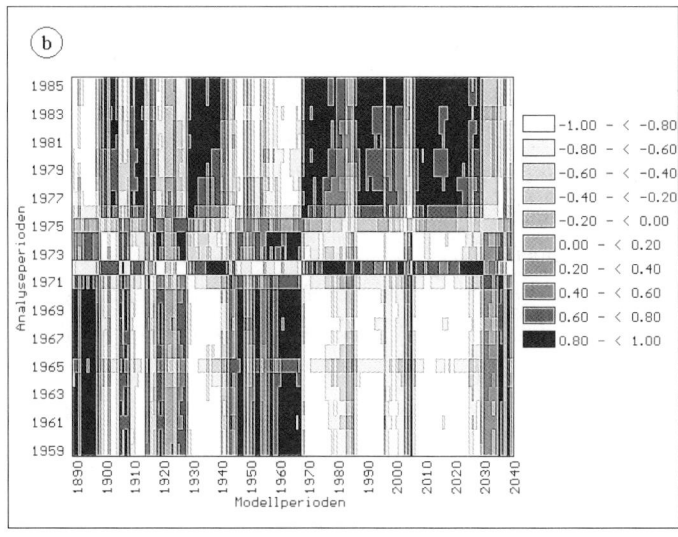

Abb. 43: Skalarprodukte (suboptimaler Fingerprint) zwischen Analyse- und Modelltrends für die Trends der sommerlichen (Juni, Juli, Aug.) 500 hPa-Schichtmitteltemperaturen der 27 Zwanzigjahresperioden der Analyse- und die 150 Zwanzigjahresperioden der Modelldaten für Nordeuropa (a) und Nordosteuropa (b).

Bei anthropogen verstärktem Treibhauseffekt (IPCC-Scenario A, "business as usual") lassen sich nach den Analysen von Jacobeit (1994) aus den Änderungen der 500 hPa-Strukturen folgende Aussagen ableiten:
1. Erhöhung der meridionalen Temperaturgradienten in der höheren Troposphäre zu allen Jahreszeiten.
2. Zunahme der Auftrittshäufigkeit von West-Südwestströmungen (positive Phase der Nordatlantischen Oszillation) zu allen Jahreszeiten, besonders aber im Sommer.
3. Verstärkte Zyklonenaktivität über dem nördlichen Atlantik in dem Bereich vor der nordamerikanischen Ostküste.
4. Zunehmender Hochdruckeinfluß über Westeuropa.

Alle diese Änderungen konnten auch für die in dieser Arbeit analysierten Beobachtungsdaten herausgearbeitet werden. Qualitativ besteht also eine gute Übereinstimmung zwischen den Beobachtungs- und Modellergebnissen bei anthropogen verstärktem Treibhauseffekt. Mit einer nicht exakt zu bestimmenden Wahrscheinlichkeit muß folglich von einer anthropogenen Beeinflussung der Klimafluktuationen im euro-atlantischen Bereich ausgegangen werden. Die enge Verzahnung und gegenseitige Verstärkung von natürlich und anthropogen ausgelösten Klimafluktuationen kann etwas transparenter gemacht werden, indem regelhafte Impulse und weit über den euro-atlantischen Bereich hinausgehende korrelative Beziehungen in die Analysen einbezogen werden.

6 Beziehungen zwischen der Dynamik der Geopotentialfelder und anderen klimawirksamen Parametern

Die Ergebnisse der bisherigen Analysen lassen sich folgendermaßen zusammenfassen:

1. Den nach der vorherrschenden Strömungsrichtung in der unteren Troposphäre klassifizierten Großwettertypen Europas entsprechen richtungsgleiche Höhenströmungen im 500 hPa-Niveau. Im Verlauf des 20. Jahrhunderts ist eine signifikante Abnahme der nördlichen und eine signifikante Zunahme der süd-südwestlichen Großwettertypen im Sommer und im Winter und damit gleichzeitig eine Häufigkeitsabnahme von Höhennordströmungen und eine Zunahme von Höhensüdweststrümungen zu beobachten.
2. Die 500 hPa-Geopotentiale zeigen von 1949-1994 im Bereich des ostamerikanischen Höhentroges eine signifikante Höhenabnahme und im Bereich des westeuropäischen Höhenrückens eine signifikante Höhenzunahme im Winter. Im Sommer kann eine signifikante Höhenzunahme westlich der ostamerikanischen Trogachse und eine nicht signifikante Höhenzunahme im Bereich des westeuropäischen Höhenrückens beobachtet werden.
3. Diese Höhenänderungen bedingen eine Verlagerung der Frontalzone im 500 hPa-Niveau im Winter, die durch eine äquatorwärtige Verlagerung der Zone höchster meridionaler Gradienten im Bereich des ostamerikanischen Höhentroges und eine polwärtige Verlagerung im Bereich des westeuropäischen Höhenrückens gekennzeichnet ist. Folge dieser Lageänderungen ist eine Meridionalisierung des Frontalzonenverlaufs über dem Atlantik in SW-NE-Richtung. Im Sommer verlagerte sich die zonal orientierte Frontalzone gegenüber der langjährigen Mittellage etwas polwärts. Im Winter intensivierte sich die Frontalzone nördlich von 35° N, im Sommer nördlich von 50° N. Die Auftrittshäufigkeit extremer Gradienten im 500 hPa-Niveau, die mit extrem ausgebildeten außertropischen Zyklonen einhergehen, hat in den Wintermonaten signifikant zugenommen.

4. Die Lage der Höhentröge und Höhenrücken hat sich als Folge der beschriebenen Änderungen der Geopotentiale im euro-atlantischen Sektor im Winter stark, im Sommer nur wenig ostwärts verlagert.
5. Die Jahresamplitude der Geopotentiale hat im Bereich des ostamerikanischen Höhentroges hochsignifikant zugenommen, im Bereich des westeuropäischen Höhenrückens hochsignifikant abgenommen.
6. Mit der suboptimalen und optimalen Fingerprintmethode gelingt der Nachweis, daß die Änderungen der Schichtmitteltemperaturen nördlich von 55° N, die eng mit den beschriebenen Strukturänderung der 500 hPa-Geopotentiale verbunden sind, sich in guter Übereinstimmung mit den Modellprognosen für den Fall einer zunehmenden anthropogenen Treibhausgasbelastung der Atmosphäre befinden. Für die von den beobachteten Geopotential-Änderungen besonders betroffenen Bereiche des ostamerikanischen Höhentroges und des westeuropäischen Höhenrückens wird der Zusammenhang zu den Modellprognosen allerdings undeutlich.

Zur weiteren Analyse der Zusammenhänge zwischen anthropogen und natürlich ausgelösten Klimafluktuationen sollen zunächst die beobachteten Veränderungen der 500 hPa-Geopotentialstrukturen in Relation zu anderen Klimaindikatoren für den Zeitraum 1949-1994 bewertet werden.

6.1 Nordatlantischer Oszillationsindex

Die großräumige Zirkulation im euro-atlantischen Sektor wird bevorzugt durch einen als Nordatlantische Oszillation (NAO) bezeichneten Index beschrieben. Dieser repräsentiert das Druckgefälle zwischen Islandtief und Azorenhoch, das bestimmend für die Intensität der bodennahen Windströmung über dem Nordatlantik ist. In den Wintermonaten Dezember bis März der Jahre 1881-1994 vollzog dieser Index erhebliche Variationen um den langjährigen Mittelwert (Abb. 44a). Besonders in den Jahren ab 1980 erreichten die positiven Anomalien des

NAO zuvor noch nicht beobachtete positive Abweichungen vom langjährigen Mittel, die eine ungewöhnliche Erhöhung der Zirkulationsintensität der Westwinde über dem Atlantik zum Ausdruck bringen.

Die mit einem Binomialfilter geglättete Zeitreihe des NAO-Indexes zeigt zeitweilig Fluktuationen mit einer etwa 7-8 jähriger Periode. Eine Varianzspektrumanalyse (Fast Fourier Transformation) bestätigt diesen Eindruck (Abb. 44 b). Allerdings wurde die Beobachtungsperiode in zwei Teilperioden von 1881-1937 und von 1938-1994 zerlegt. Signifikant hebt sich für beide Zeitabschnitte eine ca. 7.6-jährige Periode ab, die als Harmonische des 22-jährigen Sonnenfleckenzyklus angesehen werden kann. Eine 27 Monate umfassende Periode ist nur in dem ersten Zeitabschnitt signifikant ausgebildet, bleibt aber auch im zweiten, wenn auch nicht mehr signifikant und stark abgeschwächt, erhalten. Diese quasizweijährige Periode ist in vielen Klimazeitreihen nachgewiesen worden und wird als quasibianuelle Oszillation (QBO) bezeichnet (Lamb, 1971, 241) und mit dem quasizweijährigen Wechsel der stratosphärischen Höhenwindrichtungen über der Tropenzone in Verbindung gebracht. Eine Fülle weiterer möglicher Erklärungen für die QBO wird von Lamb (1971, 243) diskutiert.

Der Zusammenhang zwischen dem NAO und den in dieser Arbeit analysierten Großwetterlagenhäufigkeiten läßt sich durch hochsignifikante Korrelationen nachweisen (Abb. 45a,b). Die Summe der Häufigkeiten zonaler und gemischter Großwettertypen nimmt mit ansteigendem NAO-Index deutlich zu, die Summe der Häufigkeiten meridionaler Großwettertypen hingegen ab. Zonale und gemischte Großwettertypen sind mit einer näherungsweise zonal und intensiv ausgebildeten Westwindströmung verbunden, meridionale hingegen mit Strömungsstrukturen, die sich eher an den Richtungsverlauf der Meridiane anlehnen. Bei weiträumiger zonaler Strömungsausrichtung sind die Druckdifferenzen zwischen dem subtropischen und subpolaren Raum groß, bei meridionaler Strömungsausrichtung hingegen gering.

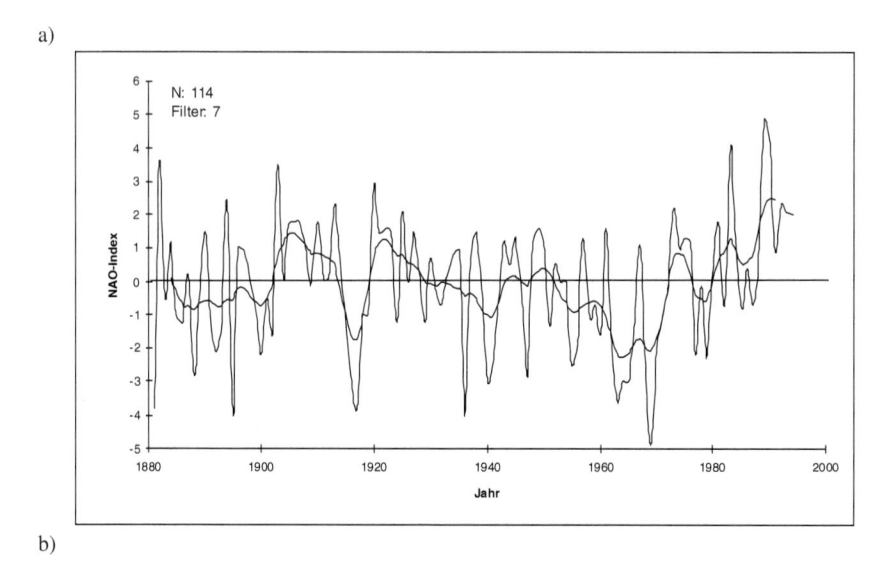

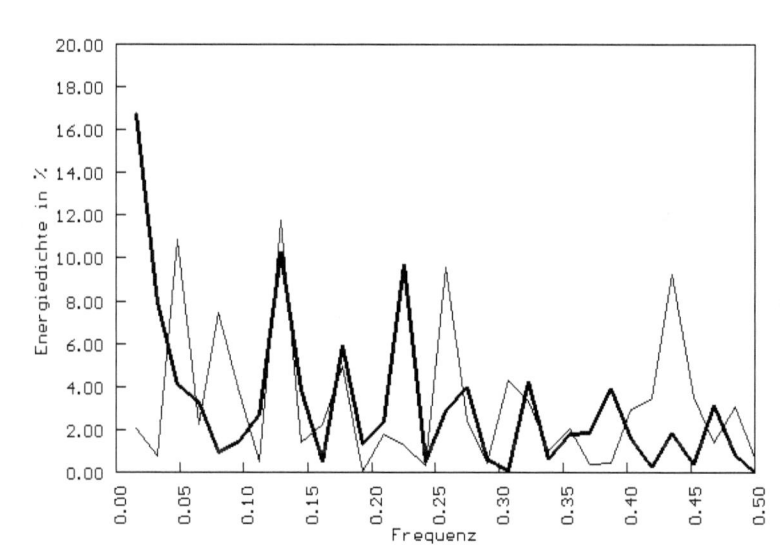

Abb. 44: Nordatlantische Oszillation (NAO), repräsentiert durch das Druckgefälle zwischen Islandtief und Azorenhoch in den Wintermonaten Dezember bis März der Jahre 1881-1994, geglättet mit einem Binomialfilter (a) sowie Varianzspektrum für die Beobachtungsperioden 1881-1937 (dünne Linie) und 1938-1994 (dicke Linie) (b).

a)

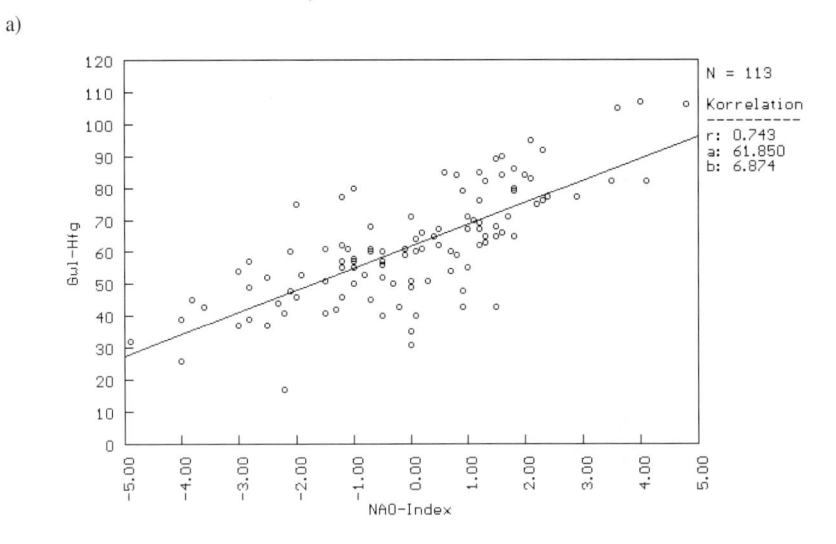

Gwl: WA WZ SWA SWZ NWA NWZ HM BM

b)

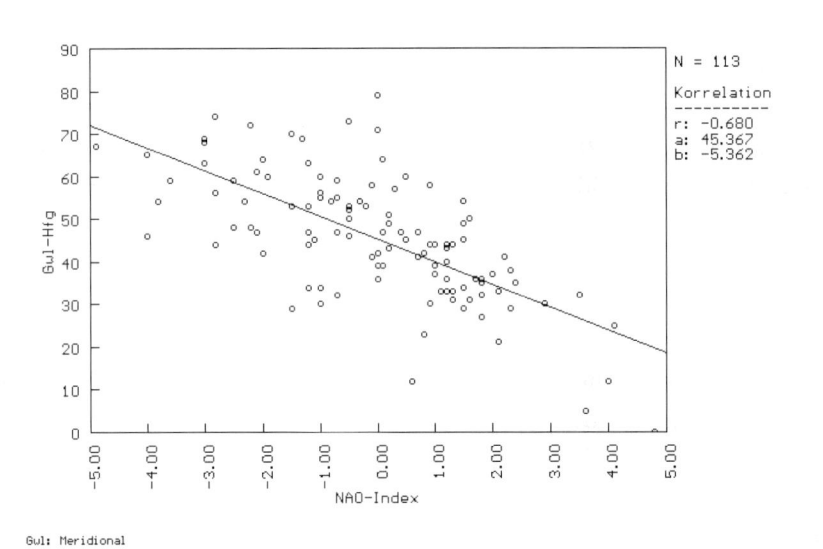

Gwl: Meridional

Abb. 45: Korrelation zwischen dem NAO-Index und der Summe der Häufigkeiten zonaler und gemischter Großwettertypen (a) sowie der Summe der Häufigkeiten meridionaler Großwettertypen (b) für die Monate Dezember bis März der Jahre 1881-1994.

Die meridionalen Gradienten des 500 hPa-Niveaus korrelieren großflächig signifikant im euro-atlantischen Sektor mit dem NAO-Index (Abb. 46a). Der aus dem Bodendruckfeld berechnete NAO-Index stellt folglich auch ein befriedigendes Maß zur Beschreibung der Höhenströmung dar. Hohe positive NAO-Indexwerte sind im Bereich der Frontalzone erwartungsgemäß auch mit hohen meridionalen Gradienten im 500 hPa-Niveau verbunden. Außerhalb des Frontalzonenbereichs dominieren negative Korrelationskoeffizienten. Das bedeutet, daß immer dann, wenn die Frontalzone intensiv ausgebildet ist, die Gradienten außerhalb der Frontalzone eine erhebliche Abschwächung erfahren. Dies wird ganz besonders über Grönland und im äquatornahen Bereich des Atlantiks deutlich, wo Korrelationskoeffizienten größer als Absolutbetrag -0.5 diesen Zusammenhang eindrucksvoll belegen. Eine überraschende Inphasebeziehung zwischen dem außertropischen und tropischen Regime deutet sich durch die vergleichsweise hohen positiven Korrelationskoeffizienten über dem Sudan an. Eine stark ausgebildete Frontalzone führt im Sudan, der durch einen Bereich negativer Korrelationskoeffizienten von der Frontalzone getrennt ist, zu hohen Gradienten.

Die korrelative Beziehung zwischen dem NAO-Index und den zonalen Gradienten des 500 hPa-Niveaus ist deutlich schwächer als die zwischen dem NAO-Index und den meridionalen Gradienten (Abb. 46b). Hohe NAO-Indizes sind mit einer Zunahme der Gradienten über Nordeuropa und dem angrenzenden Nordmeer sowie über dem westlichen Mittelmeer verbunden. Das Raummuster der positiven Korrelationskoeffizienten deutet eine Bifurkation der Frontalzone über Westeuropa in einen nördlichen und einen südlichen Ast an. Die Bifurkation wird in der Regel durch stationären Hochdruck über Eurasien ausgelöst, der durch negative Korrelationskoeffizienten, also eine Abnahme der Gradienten im Bereich dieser stationären Hochdruckgebiete zum Ausdruck kommt.

a)

b)

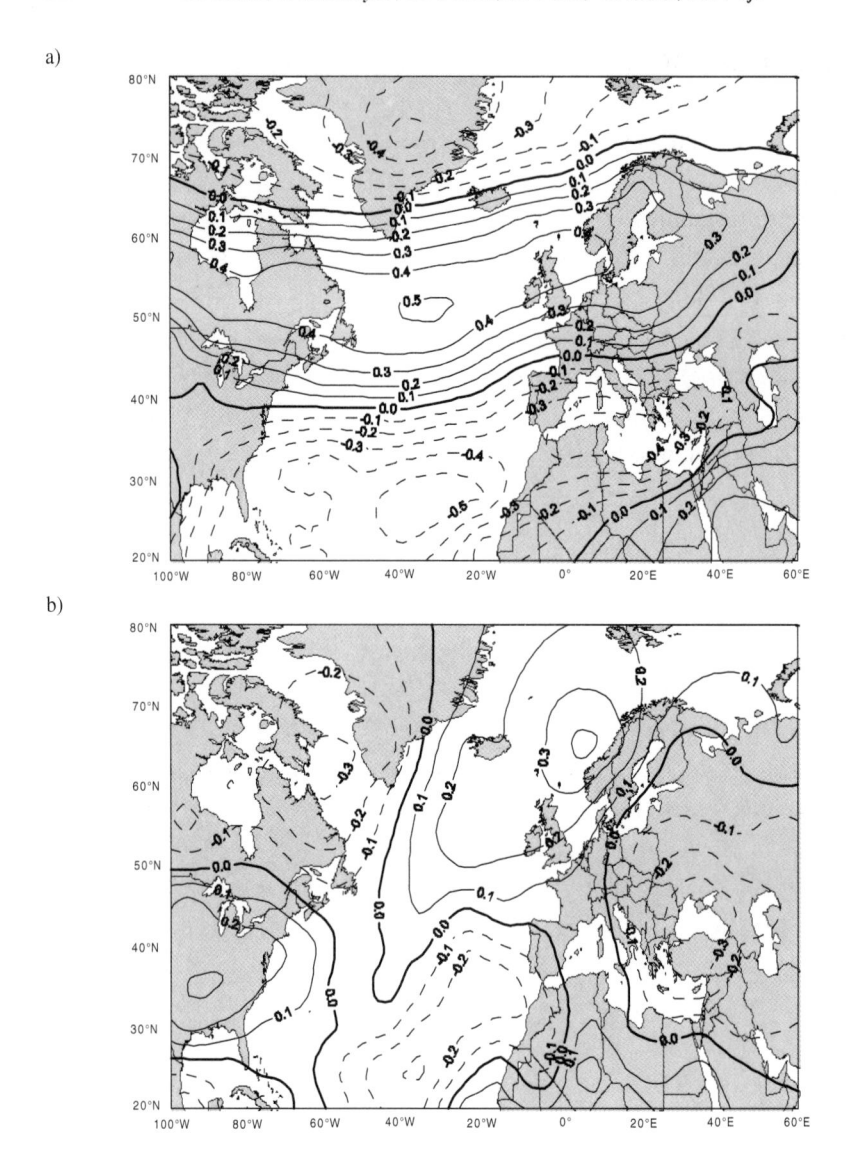

Abb. 46: Korrelationskoeffizienten der Beziehung zwischen den meridionalen Gradienten des 500 hPa-Niveaus und dem NAO-Index im euro-atlantischen Sektor für die Monate Dezember bis März der Jahre 1949-1994 (a) sowie zwischen den zonalen Gradienten des 500 hPa-Niveaus und dem NAO-Index für die gleichen Monate und Jahre (b).

Die Intensität der NAO-Anomalien läßt in Anlehnung an die bodennahen und bis in die mittlere Troposphäre hinaufreichenden meridionalen Druckgradienten Rückschlüsse auf die meridionalen Temperaturgradienten zu. Überkritische Druckgradienten zwischen den subtropischen und subpolaren Breiten führen zur baroklinen Instabilität (Fortak, 1971, 218). Diese impliziert einen intensiven Luftmassenaustausch zwischen niederen und hohen Breiten in Form außertropischer Zyklonen, in deren Frontalzonen Luftmassen unterschiedlicher Temperaturen auf engstem Raum zusammengeführt werden. In Verbindung mit hohen meridionalen Druckgradienten und der damit einhergehenden gesteigerten Zyklonalität erreichen die meridionalen Temperaturgradienten Höchstwerte sowohl im Bodenniveau als auch in der Höhe.

Die Lufttemperaturen über dem Atlantik werden besonders im Winter entscheidend durch die Ozeanoberflächentemperaturen mitbestimmt. Abb. 47a zeigt, daß sich die meridionalen Temperaturkontraste der Ozeanoberflächentemperaturen von der Pentade 1973/77 zur Pentade 1988/92 im Winter besonders im östlichen Nordatlantik deutlich verschärft haben. Durch die Aufnahme sensibler und latenter Wärme von der Ozeanoberfläche und die stromab folgenden Kondensationsprozesse erfolgt in Anlehnung an die Verteilung der Ozeanoberflächentemperaturen eine Intensivierung der meridionalen Temperaturgradienten der bodennahen Luftmassen über dem Atlantik. Beim Überschreiten kritischer Gradienten im 500 hPa-Niveau (6° C/1000km ohne und 3.5° C/1000km mit Kondensation nach Fortak, 1971, 209) entsteht barokline Instabilität, die eine Intensivierung des Islandtiefs und des Azorenhochs auslöst.

Durch die Verstärkung der zyklonalen Zirkulation im Bereich des Islandtiefs wird an dessen Westflanke die kalte Labrador- und Ostgrönlandströmung und an dessen Süd- und Ostflanke die warme Nordatlantikdrift intensiviert. Die räumliche Verteilung der Anomalien der Ozeanoberflächentemperaturen, die zur Verstärkung des Islandtiefs beitragen, wird durch die Intensivierung dieser Meeresströmungen fortlaufend verstärkt. Das erklärt die sich steigernde Persis-

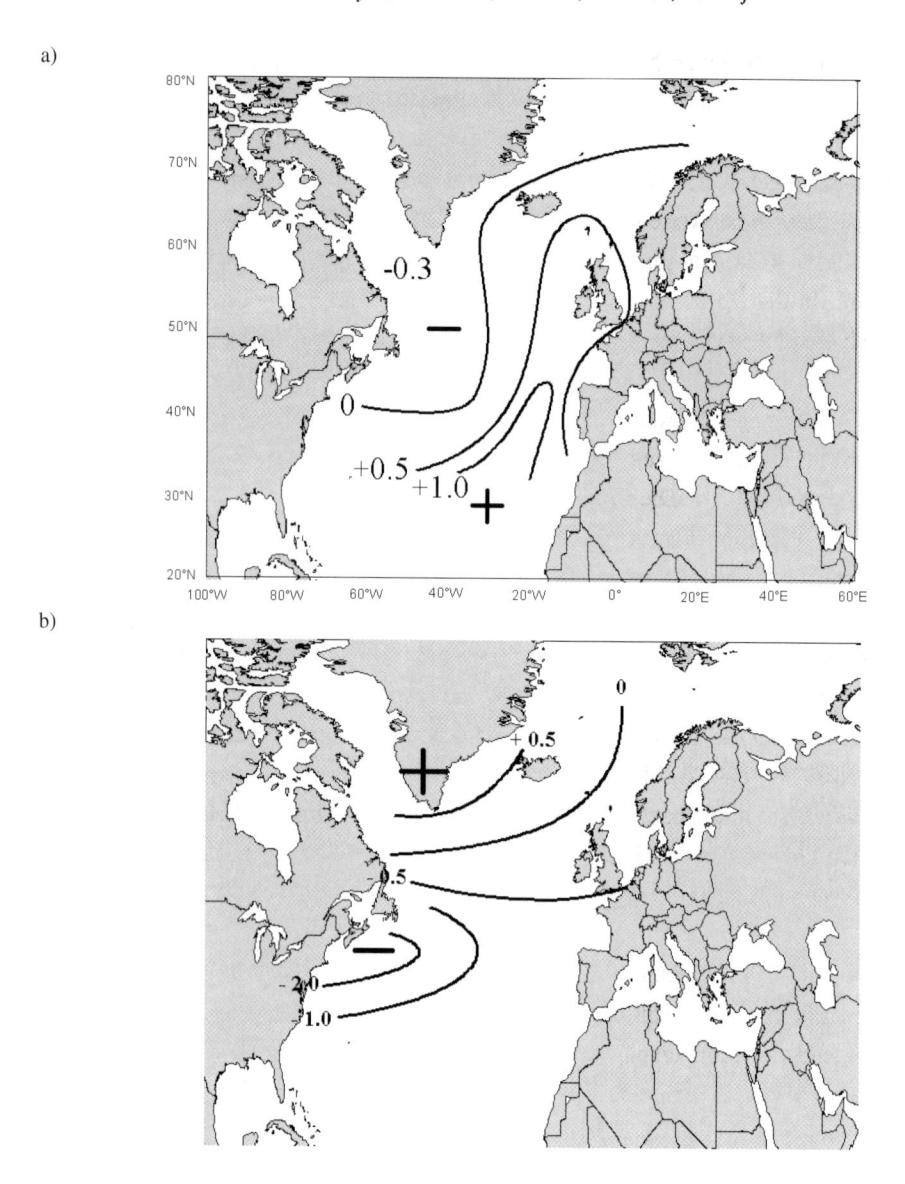

Abb. 47: Änderung der Ozeanoberflächentemperaturen von der Pentade 1973/77 zur Pentade 1988/92 im Winter (a) und von der Pentade 1951/55 zur Pentade 1968/72 im Februar (b) (nach Daten aus: Malberg und Frattesi, 1995; Rodewald, 1973).

tenz hoher positiver NAO-Anomalien seit Beginn der achtziger Jahre in Abhängigkeit von der Persistenz der Ozeantemperaturanomalien.

Die Zeitreihe des NAO-Indexes ist durch anhaltende Phasen ansteigender oder abfallender Indexwerte und abrupt auftretende Tendenzänderungen gekennzeichnet (Abb. 44a). Die jüngste Tendenzänderung erfolgte gegen Ende der sechziger Jahre. In der Phase vor 1969 erfolgte eine langfristige Intensitätsreduktion, danach eine Intensitätszunahme, die bis in die Gegenwart anhält.

Abb. 47b zeigt die Änderungen der Ozeanoberflächentemperaturen vom Pentadenmittel 1951/55 zum Pentadenmittel 1968/72 für den Monat Februar (Rodewald, 1973). Die Variationen der Ozeanoberflächentemperaturen weisen für die Änderungen zwischen diesen beiden Pentaden im Februar ein räumliches Muster auf, das nahezu invers zu den Änderungen ist, die sich zwischen der Pentade 1973/77 zur Pentade 1988/92 im Winter zeigen (Abb. 47a,b). In den fünfziger und sechziger Jahren erwärmten sich die Gewässer um Grönland, während sich der Golfstrom und Nordatlantikdriftbereich deutlich abkühlten. Insgesamt nahmen die Oberflächentemperaturen in der Phase vor 1969 in dieser Zone so stark ab, daß Wahl und Bryson (1975) feststellten: "it seems that we have experienced, in the past 29 years or so, a change in Atlantic Ocean temperatures which amount, in the Golf Stream vicinity, to about one-sixth of the difference between total glaciation and our present climate".

Eine vom U.S. Geheimdienst CIA 1974 in Auftrag gegebene Klimastudie warnte ebenfalls vor dem wahrscheinlichen Beginn einer neuen Eiszeit. Diese beunruhigenden Klimaperspektiven wurden durch Untersuchungen des IMPACT-Teams, dem 18 berühmte US-Klimaforscher angehörten, gestützt. Die WELT sah sich bei Vorlage dieser Untersuchungen veranlaßt, in ihr Wissenschaftsmagazin einen Beitrag mit dem Titel: "Zehn Jahre bis zur nächsten Eiszeit - Vorboten des Klimaschocks ?" aufzunehmen.

Von 1950 bis 1969 nahm der NAO-Index deutlich ab. Die Westdrift und damit auch das Islandtief und Azorenhoch verloren in dieser Phase an Intensität. Labradorstrom und Ostgrönlandstrom wurden folglich weniger stark durch das sich abschwächende Islandtief angetrieben. Das erklärt die sich verstärkende Erwärmung der Gewässer um Grönland und die Abkühlung im Bereich des Golfstromes und der Nordatlantikdrift.

Die Entwicklung der Ozeantemperaturen und des NAO-Index nahm ab 1969 eine unerwartete Richtung. Die Fortschreibung des bis dahin deutlich erkennbaren Trends erwies sich als falsch, die Sorge um den Beginn einer neuen Kälteperiode als unbegründet. Die Ursache für diese und alle vorausgegangenen und gegebenenfalls noch folgenden Trendwenden ist bis heute unklar. Die Intensivierung des NAO-Indexes und damit auch des Islandtiefs und des Azorenhochs ab 1969 verstärkte erneut die äquatorwärts gerichteten kalten Meeresströmungen an seiner Südflanke und die west- und polwärts gerichteten Strömungen an seiner Süd- und Ostflanke. Eine große Zahl von Hypothesen wurde aufgestellt, um diese Trendänderungen zu erklären. Sie lassen sich in vier Gruppen zusammenfassen:

1. Der bereits in die vorliegenden Analysen einbezogene anthropogen verstärkte Treibhauseffekt sowie
2. die solaren und vulkanischen Aktivitätsschwankungen als externe Ursachen.
3. Die Wechselwirkungen zwischen Ozean- und Atmosphäre als interne Ursachen sowie
4. das Zusammenspiel aller genannten Faktoren.

6.2 Solare Aktivitätsschwankungen

Zur Überprüfung der Hypothese, die von einer Einflußnahme der solaren Aktivitätsschwankungen ausgeht, wurden die mittleren Geopotentiale für die Wintermonate der Jahre 1949-1994 mit den Sonnenfleckenzahlen dieser Monate für alle Gitterpunkte des euro-atlantischen Sektors korreliert (Abb. 48a). Signifikante negative Korrelationskoeffizienten treten im Bereich um Island auf. Schon Parker (1976) konnte an Hand des Bodendruckfeldes der Jahre 1750-1958 eine enge Beziehung zwischen dem Bodendruckfeld bei Island und den Sonnenfleckenzahlen für die Monate Januar und Juli nachweisen. Der Bereich, für den Parker bei Island signifikante negative Druckänderungen zwischen den Sonnenfleckenmaxima und -minima der Beobachtungsperiode nachweist, stimmt exakt mit dem Bereich überein, der in Abb. 48a von der -0.3 - Linie gleicher Korrelationskoeffizienten abgegrenzt wird. Diese Korrelationskoeffizienten sind im 95 %-Niveau signifikant. Nach Parker (1976) führen hohe Sonnenfleckenzahlen im 11-jährigen Rhythmus zu einer Intensivierung des Islandtiefs.

Auch Kelly (1977) hat für die Periode 1874-1974 einen Zusammenhang zwischen Bodendruck und solarer Aktivität für die Wintermonate nachgewiesen. Die höchsten Änderungen erfolgten auch nach Kelly (1977) im Bereich um und südlich von Island. Im Zeitraum 1920-1960 erfolgte eine Intensivierung des Islandtiefs zur Zeit der im 11-Jahresrhythmus auftretenden Sonnenfleckenmaxima. Für die Phase vor 1920 und nach 1960 kann Kelly wahrscheinlich machen, daß eine Verfälschung der Beziehung durch die erhöhte vulkanische Aktivität und die damit einhergehende Strahlungsminderung erfolgt.

Nicht alle Arbeiten, die signifikante Zusammenhänge zwischen den solaren Aktivitätsschwankungen und dem Luftdruckfeld in verschiedenen Höhen über dem Atlantik in den Wintermonaten belegen, können angeführt werden. Unbedingt hinzuweisen ist aber auf die Untersuchung von Schuurmans (1969), in der ein enger Zusammenhang zwischen den Variationen der 500 hPa-Fläche im Bereich um Island 24 Stunden nach dem Auftreten von Sonnenfackeln, die meist mit einem sprunghaften Anstieg der Sonnenfleckenzahlen verbunden sind, nachgewiesen wird. Der von Schuurmans ausgewiesene Bereich höchster negativer Änderungsraten nach dem Auftreten von Fackeln deckt sich weitgehend mit der Zone negativer Korrelationskoeffizienten in Abb. 48a. Verstärkte solare Fackelaktivität geht nach diesen Analysen mit einer Intensivierung des Islandtiefs im 500 hPa-Niveau einher.

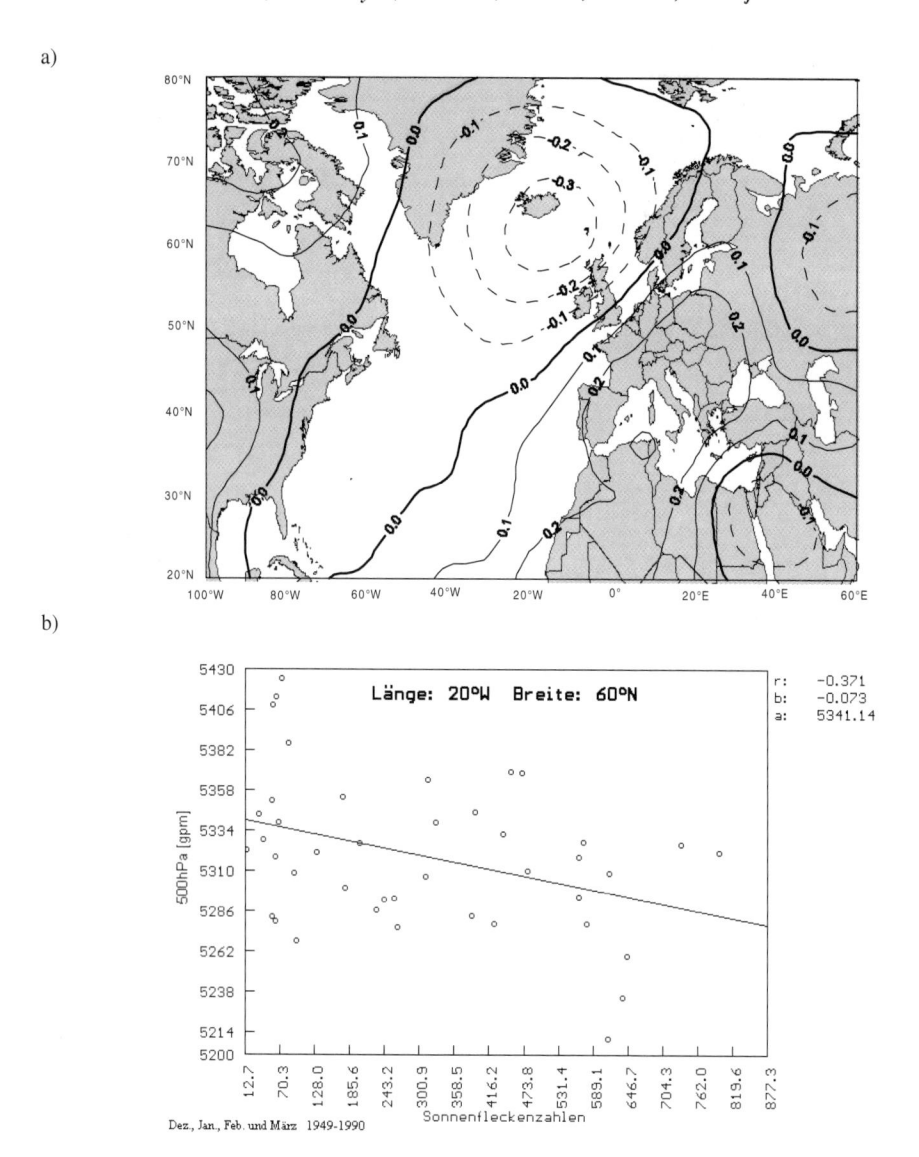

Abb. 48: Korrelationskoeffizienten zwischen den mittleren Geopotentialen des 500 hPa-Niveaus und den Sonnenfleckenzahlen für die Wintermonate der Jahre 1949-1994 für alle Gitterpunkte des euro-atlantischen Sektors (a) sowie die Punktwolke zu dieser Korrelation für den Gitterpunkt 20°W und 60°N (b).

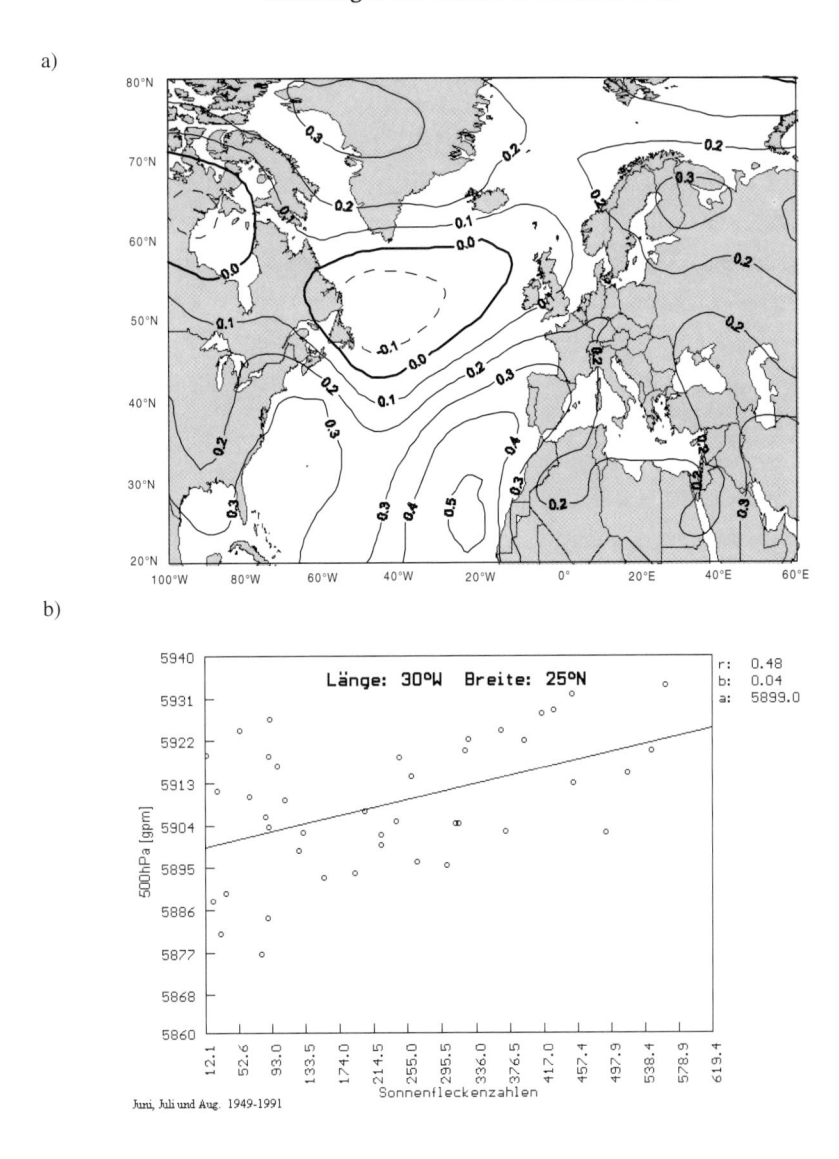

Abb. 49: Korrelationskoeffizienten zwischen den mittleren Geopotentialen des 500 hPa-Niveaus und den Sonnenfleckenzahlen für die Sommermonate der Jahre 1949-1994 für alle Gitterpunkte des euro-atlantischen Sektors (a) sowie die Punktwolke zu dieser Korrelation für den Gitterpunkt 20°W und 60°N (b).

Die negativen Korrelationskoeffizienten in Abb. 48a bringen zum Ausdruck, daß bei hohen, über die Wintermonate kumulierten Sonnenfleckenzahlen die 500 hPa-Geopotentiale in der Beobachtungsperiode 1949-1994 absinken. Das ist aber ein Indikator für die Intensivierung des Islandtiefs. Abb. 48b zeigt für den Bereich von Island den Zusammenhang zwischen den über die Wintermonate kumulierten Sonnenfleckenzahlen und den Geopotentialen. Ein Anstieg der über die Wintermonate kumulierten Sonnenfleckenzahlen um 300 führt zu einer Absenkung der 500 hPa-Topographie über Island um rund 22 geopotentielle Meter. Das entspricht einer Abkühlung der Luftschicht unterhalb des 500 hPa-Niveaus um 1° C.

In den Sommermonaten ist im Bereich um Island kein signifikanter Zusammenhang zwischen den kumulierten Sonnenfleckenzahlen und den Geopotentialen erkennbar (Abb. 49a). Hochsignifikante Korrelationskoeffizienten treten in den Sommermonaten in tropischen und subtropischen Breiten auf. Höchste positive Werte werden vor der afrikanischen Westküste erreicht. Mit steigenden Sonnenfleckenzahlen nehmen im Sommer in tropischen und subtropischen Breiten die Geopotentiale zu. Die kumulierten Sonnenfleckenzahlen der Sommermonate müssen dabei allerdings gemäß dem statistischen Zusammenhang um 500 ansteigen, um die 500 hPa-Topographie um 20 geopotentielle Meter anzuheben (Abb. 49b). Während in den Wintermonaten die 500 hPa-Topographien auch in weiten Teilen der Tropen und Subtropen bei steigenden Sonnenfleckenzahlen absinken, die unterlagernden Luftmassen also eine Abkühlung erfahren, steigen die Temperaturen in der unterlagernden Luftmasse in den Sommermonaten bei steigenden Sonnenfleckenzahlen schwach an.

Eine Varianzspektrumanalyse der Zeitreihe der Geopotentiale für die Winter- und Sommerwerte zeigt, daß im Bereich signifikanter Korrelationen zwischen den kumulierten Sonnenfleckenzahlen und den Geopotentialen im Winter eine 7-8-jährige, im Sommer aber eine 11-jährige Periode signifikant in Erscheinung tritt (o. Abb.). Erstere ist eine Harmonische des 22-jährigen Sonnenfleckenzyklus. In beiden Zeitreihen deutet sich außerdem eine 30-40 jährige Periode an, die an die

Brückner-Periode erinnert, wegen der Kürze der Zeitreihen aber nicht weiter verifizierbar ist.

Zur Analyse der Struktur der täglichen Geopotentialfelder in Abhängigkeit zur Sonnenfleckenzahl ist zu beachten, daß solare Impulse erst mit Zeitverzögerung deutlich erkennbare Strukturänderungen der 500 hPa-Geopotentiale auslösen können. Von einem Schlüsseltag ausgehend, der durch das Über- oder Unterschreiten einer bestimmten Sonnenfleckenzahl gekennzeichnet ist, wurden die Anomalien deshalb gemittelt über die Geopotentiale der vier Folgetage für die Wintermonate bestimmt.

Etwa 65 % aller täglichen Sonnenfleckenzahlen der Wintermonate des Zeitraums 1949-1994 sind größer als 20 und kleiner als 120. Über die vier Folgetage aller Schlüsseltage mit Sonnenfleckenzahlen in dieser Spannbreite wurden die mittleren Anomalien der meridionalen 500 hPa-Geopotentialgradienten berechnet (o. Abb.). Die Anomalienkarte zeigt keine klaren Strukturen. Allenfalls ist eine schwache Intensivierung der Frontalzone erkennbar, die aber als Folge des bereits nachgewiesenen positiven Trends der Geopotentialgradienten während der Beobachtungsperiode 1949-1994 auch zu erwarten ist und sich in ähnlicher Intensität auch ergibt, wenn die Anomalien für zufällig ausgewählte Tage bestimmt werden.

Schlüsseltage mit Sonnenfleckenzahlen über 200 treten nur noch an 270 Tagen in den Wintermonaten der Beobachtungsperiode auf. Die Anomalienkarte der Gradienten zeigt für die Wintermonate Dezember bis März der Jahre 1949-1994 an den vier Folgetagen eine Intensivierung der Frontalzone um über 24 geopotentielle Meter (Abb. 50a). Die Struktur der Anomalien bleibt nahezu unverändert, wenn nur Teilperioden in die Berechnung eingehen. Für die Teilperiode 1973-1994 ist in Abb. 50b eine deutliche Erhöhung der Gradienten auf Werte über 42 geopotentielle Meter bei unveränderter Lage der Frontalzone zu erkennen. Gleichzeitig ist eine deutliche Abnahme der Gradienten in den polar/arktischen aber auch in den tropischen und subtropischen Breiten ausgebildet.

a)

b)

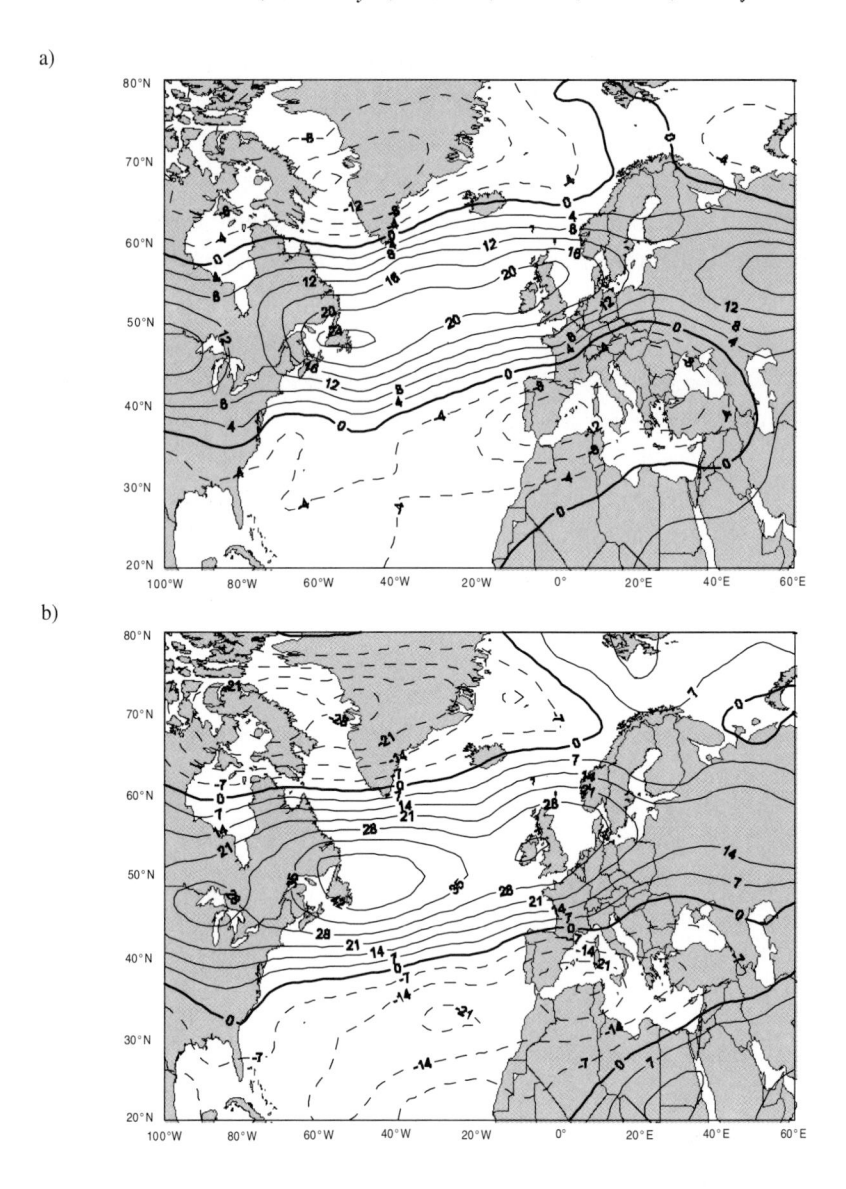

Abb. 50: Anomalienkarte der meridionalen Gradienten für die jeweils vier Folgetage der Schlüsseltage mit Sonnenfleckenzahlen über 200 (270 Tage) unter Berücksichtigung der Wintermonate Dezember bis März der Jahre 1949-1994 (a) und der Jahre 1973-1994 (b).

Gradientänderungen über 18 Meter sind nur noch in 5 % der Fälle durch Zufall erklärbar. Ein solarer Einfluß auf die Zirkulationsstruktur erscheint demnach bei Sonnenfleckenzahlen über 200 wahrscheinlich.

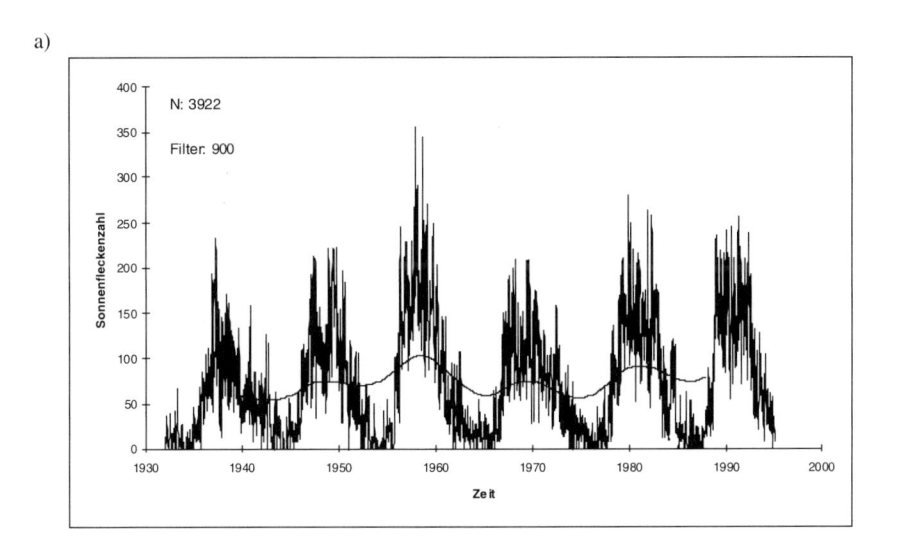

Die Zeitreihe der täglichen Sonnenfleckenzahlen zeigt, daß bei langfristiger Mittelbildung ein Anstieg der solaren Aktivität bis in die fünfziger Jahre erfolgte, die sechziger und siebziger Jahre aber durch einen Rückgang und schließlich die achtziger Jahre wieder durch einen Anstieg der solaren Aktivität gekennzeichnet waren (Abb 51a). Die Häufigkeit der Tage mit Sonnenfleckenzahlen über 200 folgt diesem generellen Muster (Abb. 51b). Ab dem Ende der fünfziger Jahre blieb die Zahl der Tage mit Sonnenfleckenzahlen über 200 bis gegen Mitte der siebziger Jahre mit Jahreswerten unter 3 Tagen sehr gering. In dieser Phase blieb auch der NAO-Index ungewöhnlich niedrig (Abb. 44a). Der anschließende Anstieg des NAO-Indexes fällt zusammen mit einem deutlichen Anstieg der Zahl der Tage mit Sonnenfleckenzahlen über 200.

a)

b)

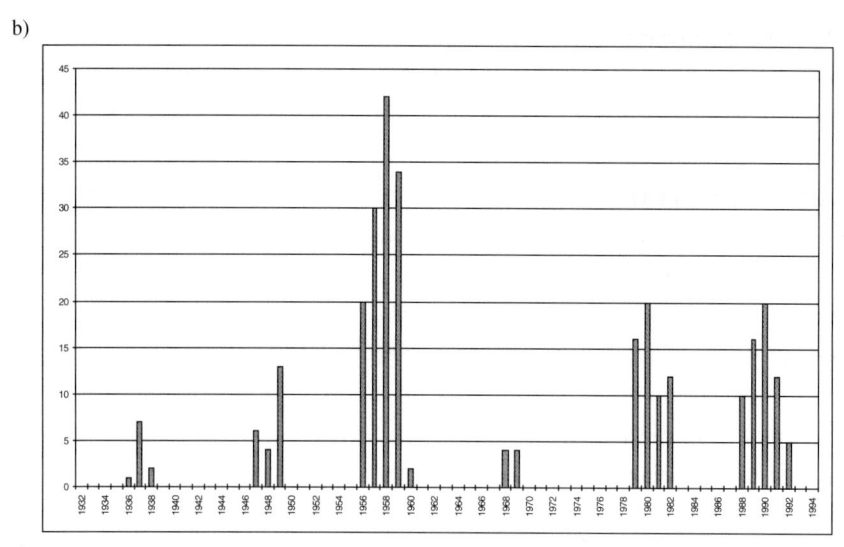

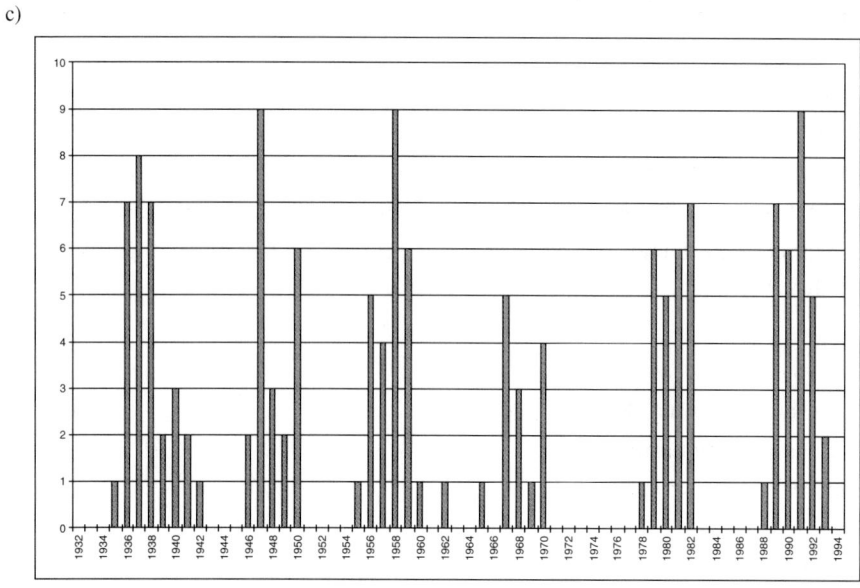

c)

Abb. 51: Zeitreihe der täglichen Sonnenfleckenzahlen (eingezeichnet ist nur jeder zweite Wert) im Zeitraum 1932-1994 (a) sowie Häufigkeit von Tagen mit Sonnenfleckenzahlen größer 200 (b) und Anstiegen der Sonnenfleckenzahlen gegenüber dem Vortag um mehr als 30 Sonnenflecken (c).

In Abb. 48a konnte ein signifikanter Zusammenhang zwischen den über die Wintermonate Dezember, Januar, Februar und März gemittelten Sonnenfleckenzahlen und den Geopotentialen für den Bereich um und südlich von Island gezeigt werden. Hohe Sonnenfleckenzahlen gingen mit einer Intensivierung des Islandtiefs einher. Diese Intensivierung bedingt notwendigerweise eine Verstärkung der meridionalen Geopotentialgradienten, die für das 500 hPa-Niveau in Abb. 50a auch für Tage mit Sonnenfleckenzahlen größer als 200 deutlich in Erscheinung tritt. Die auf der Grundlage jahreszeitlicher Mittelwerte nachgewiesenen Beziehungen lassen sich also auf der Basis ausgewählter Tageswerte bestätigen.

In Anlehnung an die Arbeit von Schuurmans (1969), in der für den Folgetag hoher Sonnenfackelaktivität eine Intensivierung des Islandtiefs nachgewiesen werden konnte, wurden die mittleren Anomalien der Geopotentialgradienten für die vier Folgetage nach einer Änderung der Sonnenfleckenzahl gegenüber dem Vortag um mehr als 30 Sonnenflecken bestimmt (Abb. 52a). Diese Bedingung war an 104 Tagen in der Beobachtungsperiode 1949-1994 erfüllt. Die größten Änderungen der 500 hPa-Geopotentialgradienten erfolgen in einem SW-NE orientierten Korridor, der von Florida bis zur Barentssee reicht und räumlich weitgehend mit dem Bereich negativer Korrelationskoeffizienten zwischen den Sonnenfleckenzahlen und den mittleren winterlichen Geopotentialen übereinstimmt (Abb. 48a).

An Tagen nach extremen Anstiegen der solaren Aktivität, die in der Regel mit einer Intensivierung der Solarfackeltätigkeit einhergeht, erfolgt neben der Aktivierung der Frontalzone in einer nordwärts verschobenen und stark meridionalisierten Position eine deutliche Minderung der Gradienten über Westeuropa und dem Mittelmeer, die auf die Ausbildung eines Hochdruckrückens im Geopotentialfeld hinweist. In den vorangehenden Teilen dieser Arbeit konnte wiederholt gezeigt werden, daß die langfristigen Änderungen des Geopotentialfeldes durch die Ausbildung eines Höhenrückens, der zu einer Nordverlagerung der Frontalzone führt, gekennzeichnet ist.

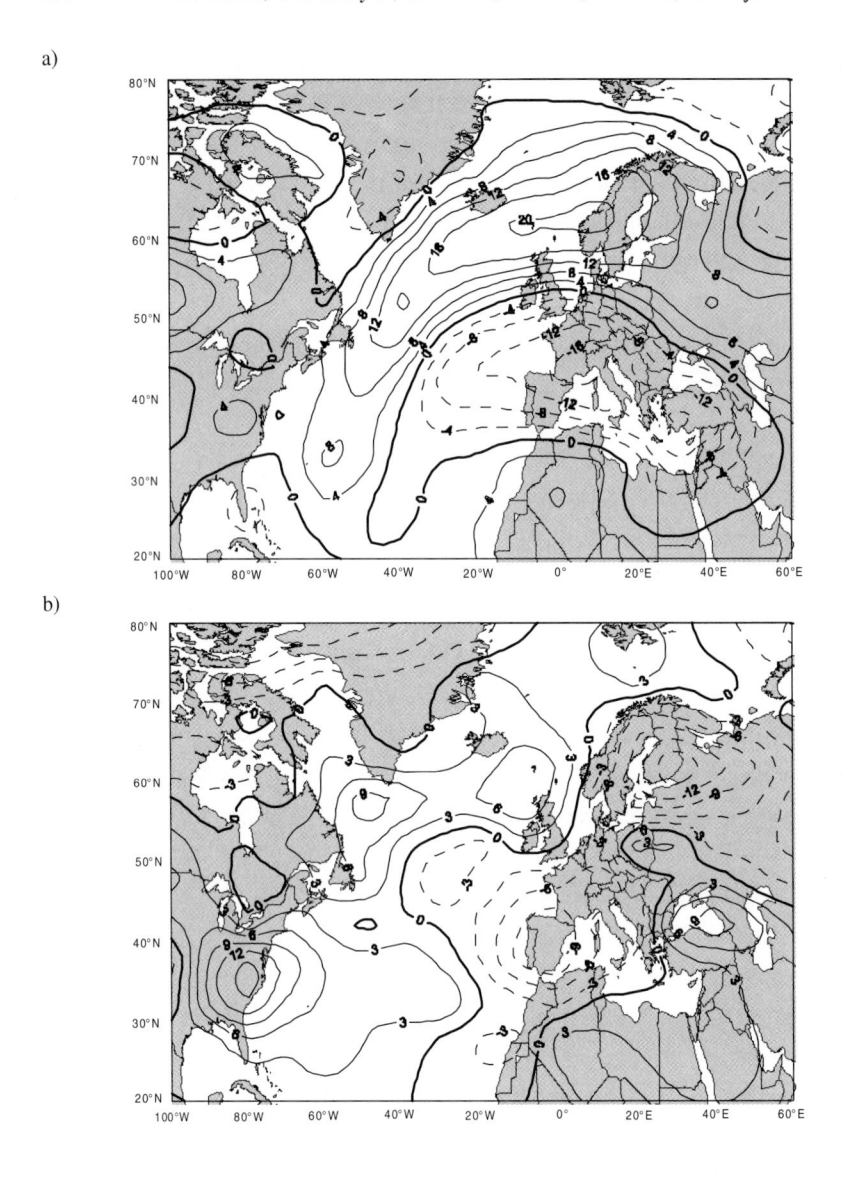

Abb. 52: Mittlere Anomalien der meridionalen Geopotentialgradienten für die vier Folgetage nach einer Änderung der Sonnenfleckenzahl gegenüber dem Vortag um mehr als 30 Sonnenflecken (104 Tage) für die Monate Dezember bis März der Jahre 1949-1994 (a) und für 104 zufällig ausgewählte Tage (b).

Die Signifikanz der Anomalien überschreitet das 95 %-Niveau nur in den Bereichen, in denen die Anomalien der meridionalen Geopotentialgradienten 16 geopotentielle Meter überschreiten. Zur Signifikanzprüfung wurden die Anomalien der 500 hPa-Geopotentialgradienten für 104 zufällig ausgewählte Tage der Wintermonate 1949-1994 bestimmt und zum Vergleich herangezogen. Auch die Berechnung der Anomalien für Teilabschnitte der Gesamtperiode in Abhängigkeit von extremen Änderungen der Sonnenfleckenzahl führte in allen Fällen zu Raummustern, die mit dem in Abbildung 52a gezeigten in allen Wesensmerkmalen übereinstimmten.

Die zeitliche Änderung der Zahl der Tage mit einer Zunahme der Sonnenfleckenzahlen zum Vortag um mehr als 30 zeigt, daß die sechziger Jahre durch ein Häufigkeitsminimum gekennzeichnet sind (Abb. 51c). Seit Ende der siebziger Jahre ist die Fallhäufigkeit deutlich angestiegen. Da die Fallzahlen aber auch in der Epoche vor den sechziger Jahren ähnlich hohe Werte erreichten wie in den achtziger und neunziger Jahren, kann allein durch die Variationen der solaren Aktivität die Intensitätszunahme der Frontalzone seit den siebziger Jahren nicht erklärt werden. Insbesondere ist nicht erkennbar, warum der NAO-Index in den achtziger und neunziger Jahren einmalig hohe Werte annahm, obwohl die Zahl der Tage mit extremen Sonnenfleckenzahlen und extremen Änderungen der Sonnenfleckenaktivität zum Vortag keine besonderen Auffälligkeiten gegenüber den Variationen im Gesamtzeitraum zeigte.

In diesem Zusammenhang ist allerdings daran zu erinnern, daß das nichtlineare Klimasystem in sehr unterschiedlicher Weise auf kleinste Veränderungen der Anfangsbedingungen reagiert (Klaus et al., 1994). Trotz der generell deterministischen Zusammenhänge, die die Dynamik des Klimasystems steuern, führt die Nichtlinearität nach heutigem Erkenntnisstand zu einer sensiblen Abhängigkeit von den jeweiligen Anfangsbedingungen, wenn kritische Instabilitätswerte überschritten werden (Lorenz, 1991). Im Bereich der Frontalzone ist es die barokline Instabilität, bei deren Auftreten kleinste Änderungen der Anfangsbedingungen ein außergewöhnliches Gewicht erhalten. Es kann deshalb nicht erstaunen, daß im euro-atlantischen Raum besonders im Kernbereich und südlich des Islandtiefs die solaren Aktivitätsschwankungen eine signifikante Beeinflussung des Zirkulationgeschehens zeigen (Abb. 48a, 50a, 52a).

Auch die Tatsache, daß sich die solar-terrestrischen Beziehungen im Klimasystem in den Wintermonaten bevorzugt im Bereich des Islandtiefs nachweisen lassen, spricht für die große Bedeutung der baroklinen Instabilität, da deren kritische Schwellenwerte im Winter deutlich häufiger als im Sommer übertroffen werden. In den Sommermonaten treten die signifikanten Beziehungen zwischen den solaren Aktivitätsschwankungan und den Geopotentialstrukturen bevorzugt in der Tropen- und Subtropenzone auf. Das könnte ein Indiz für die zunehmende Bedeutung der vertikalen Instabilität in den Sommermonaten sein.

Die solaren Aktivitätsschwankungen, die mit dem Überschreiten von Sonnenfleckenzahlen größer 200 bzw. dem Anstieg der Sonnenfleckenzahlen gegenüber dem Vortag um mehr als 30 verbunden sind, repräsentieren sehr kleine Änderungen der Anfangsbedingungen im Klimasystem. Die Änderungen der Energiezufuhr dürften nach heutiger Einschätzung 0.5 W/m² nicht überschreiten. Derartig geringe Änderungen können sich auf das Zirkulationsgeschehen nur dann auswirken, wenn eine sensible Abhängigkeit von den Anfangsbedingungen infolge des Überschreitens kritischer Instabilitätsgrenzwerte besteht.

Wie die Raummuster der Anomalien zeigen, treten die größten und signifikantesten Änderungen im Winter südlich des Islandtiefs in einem Bereich auf, der zugleich auch die größten Auftrittshäufigkeiten barokliner Instabilität zeigt. Je häufiger die Instabilitäten, um so wahrscheinlicher wird die Wirksamkeit einer solaren Klimabeeinflussung. Das bedeutet, daß andere Klimaparameter, die die Häufigkeit des Auftretens barokliner Instabilitäten beeinflussen, mittelbar auch die Intensität der solar-klimatischen Beziehungen mitbestimmen. Es kann diesen Überlegungen folgend also davon ausgegangen werden, daß in Phasen, in denen barokline Instabilität besonders häufig auftritt, sich auch eine intensivere Beeinflussung des Klimasystems in den mittleren Breiten durch die solaren Aktivitätsschwankungen ergibt. Dabei ist auch die räumliche Verteilung der Zonen, in denen barokline Instabilität gehäuft auftritt, von großer Bedeutung, da ausgehend von diesen Bereichen eine fortwährende Verstärkung der durch die solaren Aktivitätsschwankungen ausgelösten kleinsten Änderungen der Anfangsbedingungen in Form sogenannter Bifurkationsketten erfolgt.

Sowohl die Auftrittshäufigkeit barokliner Instabilitäten wie auch deren räumliche Anordnung hat im Laufe der Beobachtungsperiode deutliche Änderungen erfahren, wie in den ersten Abschnitten dieser Arbeit gezeigt werden konnte. Es gilt zudem als sicher, daß das irdische Magnetfeld, dessen Ausprägung erhebliche raum-zeitliche Variationen erfährt, Einfluß auf die Klimawirksamkeit solarer Aktivitätsschwankungen nimmt (Lamb, 1972, 460). Es konnte auch gezeigt werden, daß die Richtung der tropischen Stratosphärenwinde erheblichen Einfluß auf die Intensität dieser Beziehungen ausübte (Labitzke und van Loon, 1990).

Eine große Zahl von Einflußfaktoren bestimmt also, ob die kleinen solaren Änderungsimpulse ihre Wirksamkeit in den nicht ortsfesten Regionen, in denen eine sensible Abhängigkeit des Klimasystems von den Anfangsbedingungen ausgebildet ist, entfalten können. Einfache Zusammenhänge sind infolge der Vielfalt der Variationsmöglichkeiten nicht zu erwarten. Da aber die baroklinen Zonen im statistischen Mittel gehäuft in bestimmten Erdregionen auftreten, sollten in diesen Bereichen auch die solaren Aktivitätsschwankungen ihre größte Wirksamkeit entfalten. Genau das konnten die vorangehenden einfachen Korrelationsanalysen belegen.

Diese Untersuchungen belegen aber zugleich, daß bei veränderten Anfangsbedingungen ähnliche solare Impulse zu unterschiedlichen Änderungsintensitäten führen. Insbesondere ist deshalb die Auftrittshäufigkeit solarer Änderungsimpulse allein kein Indikator mit prognostischem Wert. Dennoch lassen sich aber infolge der quasiortsfesten Lage der Zonen größter Instabilitätshäufigkeit generelle Tendenzen aufzeigen, die eindeutig für eine, wenn auch sehr komplexe, Klimawirksamkeit solarer Aktivitätsschwankungen sprechen. Besonders bei langjähriger

Mittelbildung verlieren die Zufälligkeiten der Zirkulationsumstellungen, die bei veränderten Anfangsbedingungen auftreten, an Bedeutung und lassen das generelle Änderungsmuster deutlicher hervortreten. Dies läßt sich für die hier behandelten solaren Intensitätsvariationen durch eine Intensivierung, Meridionalisierung und Nordverlagerung der Frontalzone bei erhöhter solarer Aktivität beschreiben.

6.3 Telekonnektionen mit El Niño und der Southern Oscillation

Die Southern Oscillation beschreibt die Luftdruckdifferenz zwischen Tahiti (151°W/18°S) und Darwin/Australien (131°E/12°S). Die Distanz zwischen beiden Orten beträgt knapp 9000 km. Die Abweichungen der Luftdruckdifferenzen vom langjährigen Mittel werden als Southern Oscillation Index (SOI) bezeichnet und sind in Abb. 53a für den Zeitraum 1864-1994 für die Wintermonate Dezember bis März dargestellt. Zwischen dem SOI und dem globalen Luftdruckfeld, aber auch zwischen diesem Index und einer Vielzahl anderer Klimaelemente konnten enge korrelative Beziehungen im globalen Maßstab nachgewiesen werden (Lamb, 1972, 402). Stone und seine Mitarbeiter (1996) konnten zeigen, daß die Niederschlagswahrscheinlichkeit in den unterschiedlichsten Klimazonen der Erde bei starken Fluktuationen des SOI signifikante Änderungen erfährt.

Die Abfolge exzeptionell hoher negativer Anomalien ab 1970, die im Jahr 1982 noch nie erreichte Werte annahmen, sind besonders augenfällig. Sollte sich diese seit 1970 zu beobachtende Änderungstendenz fortsetzen, so wären die Folgen für das Erdklima dramatisch, denn die Variationen des SOI korrelieren hochsignifikant mit den Ozeantemperaturanomalien des tropischen Pazifiks (Abb. 53b). Mit dem Auftreten hoher negativer SOI-Werte ist eine Ausbreitung des Bereichs hoher Ozeanoberflächentemperaturen von 140°E bis nach 80°W verbunden (Picaut et al., 1996). Diese großflächige Änderung der Ozeanoberflächentemperaturen im zentralen und östlichen Pazifik wird als „El Niño Phänomen" bezeichnet. Die

a)

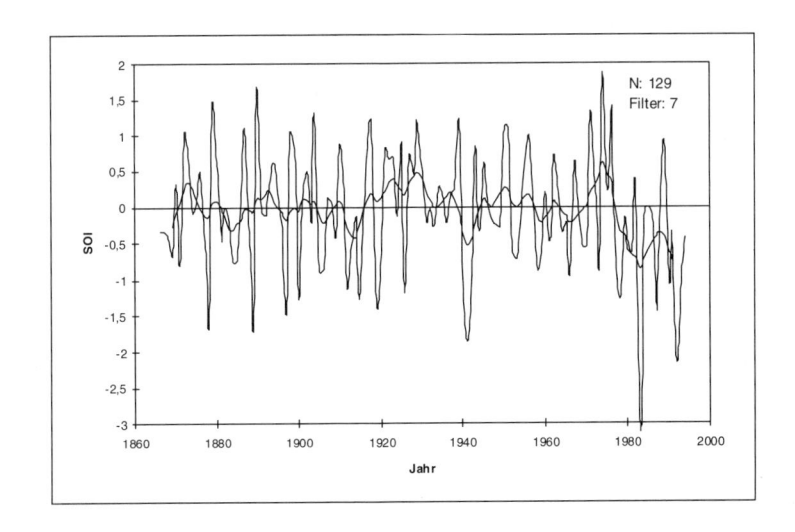

b)

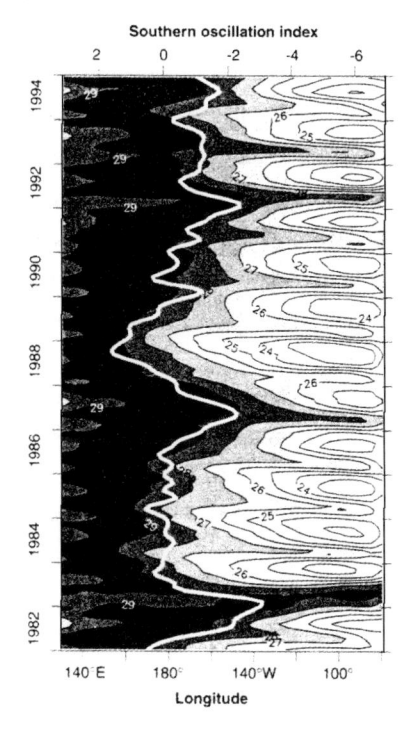

Abb. 53: Zeitreihe der Abweichungen der Luftdruckdifferenzen zwischen Tahiti und Darwin vom langjährigen Mittel (Southern Oscillation Index) für die Wintermonate Dezember bis März für die Jahre 1864-1994 (a) und Zusammenhang zwischen den monatlichen Variationen (6-monatige gleitende Durchschnitte) des SOI und der Ozeantemperaturanomalien des tropischen Pazifiks im Zeitraum 1982-1994 (b) Picaut (et al.; 1996).

Größe des Bereichs, der von einer Erhöhung der Ozeanoberflächentemperaturen um 3-4° C betroffen ist, umfaßt nicht selten mehr als 10 Millionen Quadratkilometer.

Der zusätzliche Energieimpuls für das Klimasystem, der durch das El Niño Phänomen entsteht, liegt bei 85-100 W/m², wenn man eine Mischungsschicht von 50 Metern annimmt (Jin, 1996). Das bedeutet, daß dem Klimasystem eine Energiemenge von knapp 1000 TW mehr bereitgestellt wird als in den Phasen, in denen deutlich geringere Ozeantemperaturen im tropischen Pazifik auftreten. Nur ein Bruchteil dieser Energiemenge wird an die Atmosphäre übertragen. 15 W/m², also 150 TW bezogen auf die Gesamtfläche, sind es nach Modellrechnungen von Graham (1995) allein durch latente Wärme. Derartige Mengen zusätzlicher Energie reichen aus, um erhebliche Veränderungen des globalen Zirkulationsgeschehens auszulösen. Das gilt ganz besonders für die nordhemisphärische Winterzirkulation, da deren Dynamik zu einem wesentlichen Teil auf den Energieimport aus der Tropenzone zurückgeht (Yarnal, 1985).

Graham (1995) wies anhand von Modellrechnungen nach, daß die Größenordnung und die räumliche Verteilung der nordhemisphärischen Temperaturänderungen, die im Ablauf der letzten Jahrzehnte beobachtet wurden, ausschließlich durch die Variationen der Ozeanoberflächentemperaturen im zentralen tropischen Pazifik zu erklären sind. Kruse und Storch (1986) konnten ebenfalls durch Modellrechnungen zeigen, daß sich die Struktur der nordhemisphärischen 500 hPa-Geopotentiale beim Auftreten von El Niño - Ereignissen in charakteristischer Weise ändert. Im euro-atlantischen Bereich erfolgt eine Intensivierung der Zirkulation und eine Ostverlagerung der Höhentröge und Rücken. Der westeuropäische Rücken erfährt in diesem Zusammenhang neben der Intensivierung auch eine sehr deutliche Nordverlagerung.

Graham (1995) weist darauf hin, daß dieses Änderungsmuster des euro-atlantischen 500 hPa-Geopotentialfeldes auch bei Störungen, die nicht im tropischen Bereich ihren Ausgang nehmen, mit hoher Wahrscheinlichkeit in Erscheinung tritt. Gestützt wird diese Aussage durch die Modellrechungen von Latif und Barnett (1994), die auch bei näherungsweise konstantem SOI und konstanten Ozeantemperaturen im tropischen Pazifik das Auftreten der für den nördlichen Pazifik und nördlichen Atlantik typischen Temperatur- und Druckverteilungen erhalten. Insbesondere sind die Druckkonfigurationen, die durch den NAO charakterisiert werden, deutlich ausgeprägt. Latif und Barnett (1994) schließen daraus:" the tropics play a minor role in the results". Der enge Zusammenhang, der zwischen der NAO und den Fluktuationen des 500 hPa-Geopotentialfeldes in dieser Arbeit herausgearbeitet wurde, wäre diesen Ergebnissen zufolge also auch ohne tropische Einflußnahme zu begründen.

Kumar und seinen Mitarbeitern (1994) gelingt es andererseits, anhand von Modellrechungen den Nachweis zu führen, daß die beobachteten globalen Temperaturänderungen im Zeitraum 1982-1993 in Bodennähe exakt mit den Mustern der globalen Temperaturverteilung übereinstimmen, die die Klimamodellrechnungen unter Berücksichtigung der Dynamik der El Niño - Ereignisse in diesem Zeitintervall vorhersagen. Den Fluktuationen der Ozeantemperaturen im tropischen Pazifik kommt dieser Untersuchung zufolge also eine kaum zu überschätzende Bedeutung für das gesamte nordhemisphärische Zirkulationsgeschehen zu.

Bei der Bewertung von Ergebnissen, die anhand von Modellsimulationen erzielt wurden, ist allerdings daran zu erinnern, daß alle gegenwärtigen Klimamodellrechnungen noch mit erheblichen Unsicherheiten behaftet sind. So wird neben der Frage der Wolkenparametrisierung, für die bisher noch keine endgültig befriedigende Lösung existiert, neuerdings die bisher akzeptierte Abschätzung der von der Atmosphäre absorbierten Sonnenstrahlung in Frage gestellt wird (Arking, 1996). Um 25-30 W/m² soll die atmosphärische Absorption in den Modellrechnungen im Vergleich zu den Beobachtungen unterschätzt werden. Die anthropogene Verstärkung des Treibhauseffektes wird gegenwärtig mit 2.5 W/m² abgeschätzt. Die zusätzlich bei El Niño Situationen in die Atmosphäre abgegebene latente Wärmemenge wird auf 15 W/m² geschätzt. Diese Zahlen zeigen, daß die Fehleinschätzung der von der Atmosphäre absorbierten Energie in den Klimamodellrechnungen eine Größenordnung annimmt, die bei weitem ausreicht, die Wirkung vieler kleiner Effekte zu verfälschen. Es ist abzuwarten, wie sich die Ergebnisse der Modellrechnungen ändern, wenn die neuen Beobachtungserkenntnisse berücksichtigt werden.

Der Zielsetzung dieses Abschnittes folgend soll versucht werden, Zusammenhänge zwischen der Zirkulationsstruktur im euro-atlantischen Bereich und dem SOI, der die Fluktuationen der Ozeantemperaturen im tropischen Pazifik so hervorragend nachzeichnet (Abb. 53b), herauszuarbeiten. Die globale Bedeutung des SOI wird dazu zunächst in Abb. 54 a,b durch die Korrelation zwischen dem SOI-Mittelwert der Monate Dezember bis März und den nordhemisphärischen Temperaturanomalien, gemittelt über die Monate April bis September des Folgejahres, aufgezeigt. Die Korrelation ist hochsignifikant und weist aus, daß beim Auftreten großer Warmwasserbereiche im östlichen tropischen Pazifik (Niño - Ereignis) die nordhemisphärischen Sommertemperaturen deutlich höher liegen, als bei unterdurchschnittlichen Ozeantemperaturen in diesem Raum. Die Auswirkungen der SOI-Fluktuationen auf die Verfügbarkeit arbeitsfähiger Energie in der Nordhemisphäre sind demnach so bedeutsam, daß auch Beeinträchtigungen des Zirkulationsgeschehen zu erwarten sind.

Ein noch stärkerer signifikanter korrelativer Zusammenhang kann allerdings für die mittleren SOI-Anomalien der Monate April bis September und die südhemisphärischen, mittleren Temperaturanomalien der Monate Dezember bis März nachgewiesen werden (Abb. 54 b). Auch auf der Südhemisphäre nimmt mit einer mehrmonatigen Zeitverzögerung die arbeitsfähige Energiemenge deutlich zu, wenn der östliche tropische Pazifik eine positive Temperaturanomalie zeigt. Es kann infolge dieser hochsignifikanten Beziehungen nicht bezweifelt werden, daß die Ausdehnung des Bereichs überdurchschnittlich hoher Temperaturen im tropischen Pazifik erheblichen Einfluß auf die globale Energiebilanz nimmt.

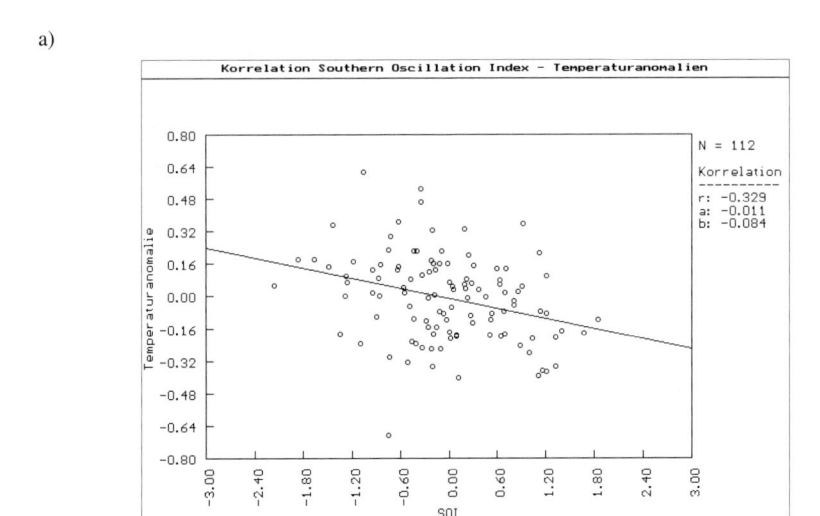

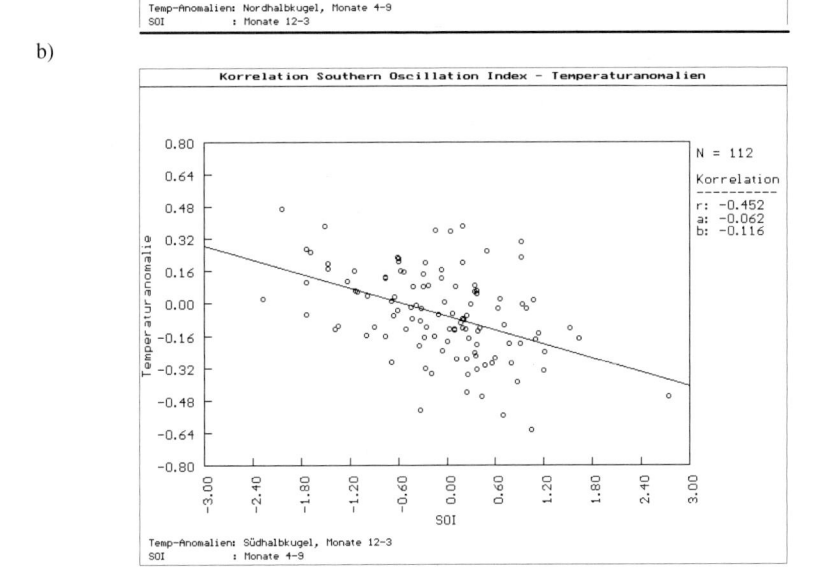

Abb. 54: Korrelation zwischen den mittleren SOI-Anomalien der Monate Dezember bis März und den nordhemisphärischen Temperaturanomalien, gemittelt über die Monate April bis September des Folgejahres für die Jahre 1882-1993 (a) und Korrelation zwischen den mittleren SOI-Anomalien der Monate April bis September und den südhemisphärischen, mittleren Temperaturanomalien der Monate Dezember bis März für die Jahre 1882-1993 (b).

Die Intensität der Einflußnahme der tropischen Ozeantemperaturen auf die Zirkulationsbedingungen im euro-atlantischen Bereich kann in erster Näherung durch die Korrelation zwischen der Zeitreihe des SOI und der des NAO belegt werden. Die engsten Zusammenhänge treten auf, wenn man die Mittelwerte der SOI- und NAO-Anomalien für die Monate Dezember bis März bei einjähriger Zeitversetzung der NAO-Anomalien miteinander korreliert. Der negative Korrelationskoeffizient von -0.165 bleibt knapp unter dem 5 %-Signifikanzniveau, das bei -0.18 anzunehmen ist. Mit zunehmender Ausweitung des Bereiches überdurchschnittlicher Ozeanoberflächentemperaturen im tropischen Pazifik intensiviert sich gemäß dem Korrelationsergebnis die Zirkulation über dem euro-atlantischen Sektor. Es wird also ganz offensichtlich Energie aus der pazifischen Tropenregion in die mittleren Breiten der Nordhemisphäre injiziert.

Die Mechanismen, die diesen Transport leisten, werden von Yarnal (1985) zusammenfassend dargestellt. Besonders beeindruckend zeigen Satellitenbildsequenzen von Tagen mit und ohne ostpazifischer Ozeanerwärmung die Bildung mächtiger Cumulonimbus Wolken im ersten Fall und Wolkenlosigkeit im zweiten. Zeitgleiche Infrarotsatellitenbildsequenzen veranschaulichen das ungeheure Ausmaß des Wasserdampftransportes aus dem Bereich des tropischen Ostpazifiks in die mittleren Breiten beim Auftreten überdurch-schnittlicher Ozeantemperaturen und dessen Fehlen bei unterdurchschnittlichen Wassertemperaturen.

Diese Zusammenhänge lassen eine Abhängigkeit zwischen den Fluktuationen der 500 hPa-Geopotentiale und dem SOI erwarten. Abb. 55a zeigt die Korrelationskoeffizienten zwischen der Zeitreihe der SOI-Anomalien, gemittelt für die Monate Dezember bis März, und den Geopotentialanomalien, gemittelt für die Monate Januar bis April. Es ergeben sich außer im Atlantik südlich von 30° Nord in der Nordhemisphäre keine signifikanten Korrelationskoeffizienten im euro-atlantischen Bereich. Tendenziell steigen die Geopotentiale über Westeuropa allerdings bei Erwärmung des tropischen Ostpazifiks an (negative Korrelationskoeffizienten), während sie im Bereich des ostamerikanischen Höhentroges absinken (positive Korrelationskoeffizienten). Das entspricht den Ergebnissen, die von

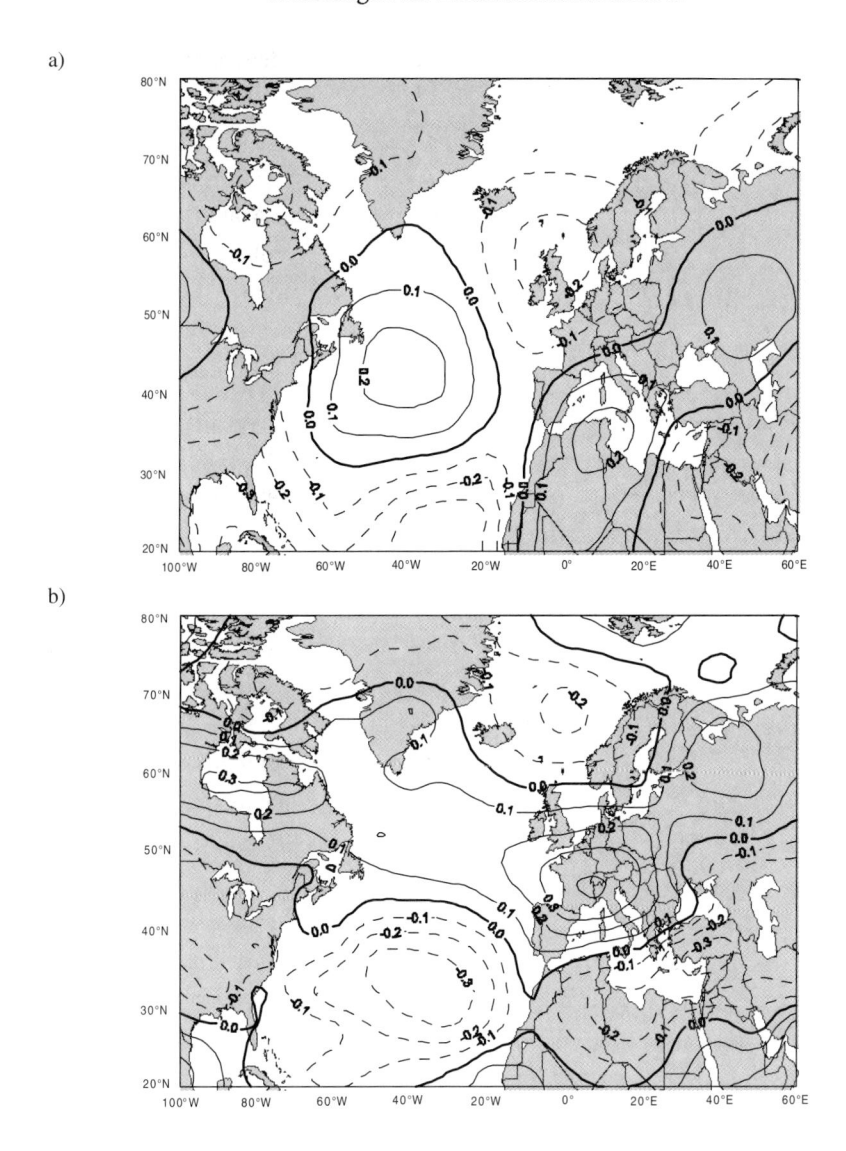

Abb. 55: Korrelationskoeffizienten zwischen der Zeitreihe der SOI-Anomalien (Monate Dezember bis März) und den 500 hPa-Geopotentialanomalien, gemittelt für die Monate Dezember bis März (a) sowie den Anomalien der 500 hPa-Geopotentialgradienten, gemittelt für die Monate Januar bis April (b), für alle Gitterpunkte des euro-atlantischen Bereichs im Zeitraum 1949-1994.

Kruse und Storch (1986) für das Auftreten von El Niño - Ereignissen anhand von Modellrechnungen bestimmt wurden.

Die Korrelation zwischen den SOI-Anomalien und den Gradientanomalien der 500 hPa-Geopotentiale (Abb. 55b) weist einige Bereiche mit signifikanten Korrelationskoeffizienten auf. Dabei ist zu beachten, daß negative Korrelationskoeffizienten zum Ausdruck bringen, daß bei überdurchschnittlichen Ozeantemperaturen im östlichen tropischen Pazifik eine Intensivierung der Gradienten erfolgt, positive Korrelationskoeffizienten andererseits mit einer Reduktion der Gradienten einhergehen.

Das Raummuster der positiven und negativen Korrelationskoeffizienten bringt eine Intensivierung des Subtropenjets über dem Atlantik südlich von 40° Nord in der Nordhemisphäre und über Nordafrika zum Ausdruck. In den gemäßigten Breiten nimmt die Intensität der Zirkulation etwas ab. Signifikante Korrelationen sind allerdings nur auf den Bereich Westeuropas und das nordöstliche Nordamerika begrenzt. Östlich von Grönland bringen nicht signifikante Korrelationen eine Tendenz zur Intensivierung der Frontalzone zum Ausdruck.

Die Verschiebung der Geopotentialwerte um fünf Monate gegenüber dem SOI der Wintermonate führt großflächig zu signifikanten Korrelationskoeffizienten im polar-arktischen Bereich und in den Randtropen, die einen Anstieg der Geopotentiale bei großflächiger Erwärmung des östlichen tropischen Pazifiks zum Ausdruck bringen (Abb. 56a). In den mittleren Breiten und in einem Meridionalstreifen bei etwa 0° - 10° E, der von 60° N bis etwa 20° N reicht, sinken die Geopotentiale ab. In dieser Zone treten allerdings keine signifikanten Korrelationskoeffizienten auf. Es handelt sich bei dieser Erscheinung also nur um eine Tendenz zur Absenkung der Geopotentiale.

Änderungen der Zirkulationsstrukturen ... 147

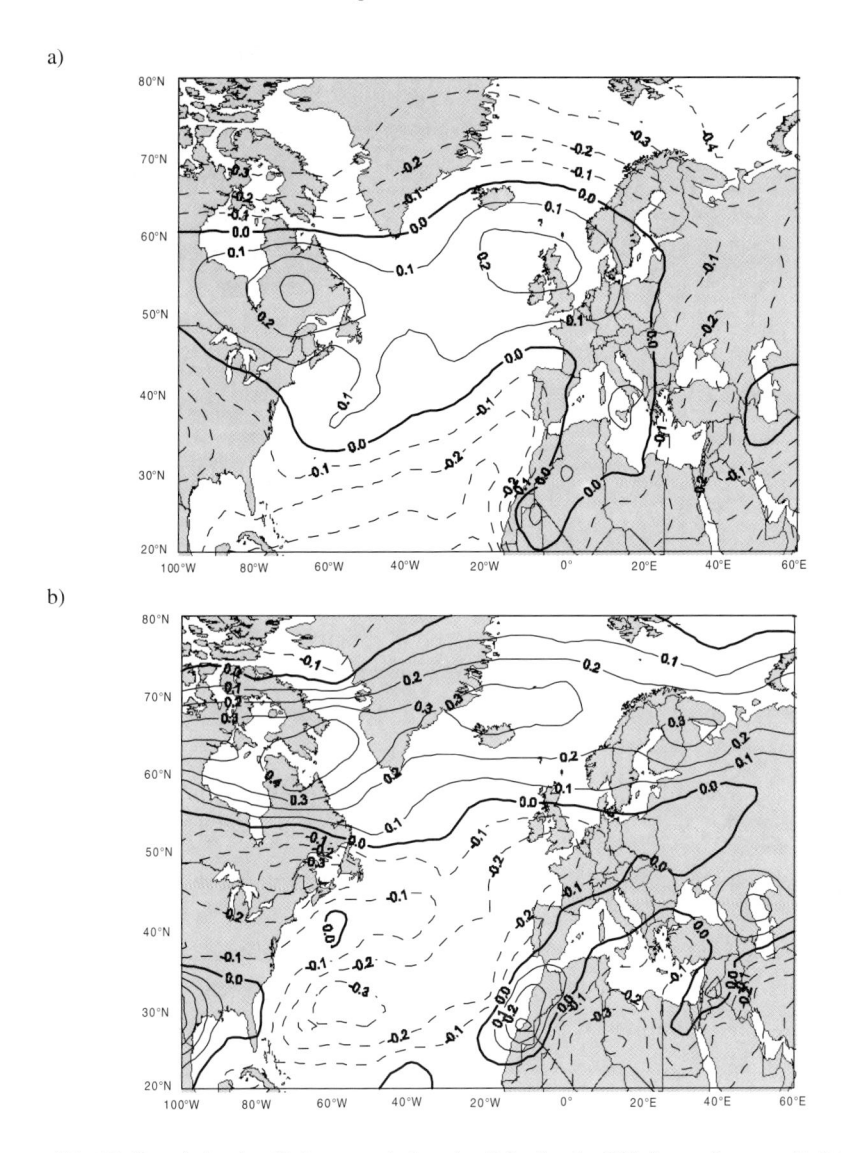

Abb. 56: Korrelationskoeffizienten zwischen der Zeitreihe der SOI-Anomalien, gemittelt über die Monate Dezember bis März, und den 500 hPa-Geopotentialanomalien, gemittelt über die Monate Mai bis August (a), sowie den Anomalien der 500 hPa-Geopotentialgradienten, ebenfalls gemittelt über die Monate Mai bis August (b), für alle Gitterpunkte des euro-atlantischen Bereichs im Zeitraum 1949-1994.

Die positiven Korrelationskoeffizienten zwischen den SOI-Anomalien der Wintermonate und den Geopotentialgradienten, gemittelt über die Monate Mai bis August, belegen über dem Nordosten Nordamerikas und über weiten Teilen des Nordatlantiks eine teilweise signifikante Reduktion der Gradienten (Abb. 56b). Eine zweite Zone signifikanter, negativer Korrelationskoeffizienten ist östlich von Florida erkennbar und erstreckt sich von SW nach NE in Richtung Europa. Eine dritte Zone liegt östlich der Großen Seen und verbindet sich über dem zentralen Atlantik mit der von Florida ausgehenden Zone. In diesem Gesamtbereich erfolgt eine Intensivierung der Gradienten und indiziert eine Verstärkung der Frontalzone über dem Atlantik. Die Intensivierung der Gradienten östlich von Florida kann als ein Indikator für eine Verstärkung der Energietransporte aus den Tropen in die mittleren Breiten angesehen werden. Da die Korrelationskoeffizienten in großen Bereichen um oder knapp unter dem Signifikanzniveau bleiben, beschreiben die Beziehungen allerdings nur Tendenzen, die nicht selten in mehr als 10 % der Fälle durch Zufall erklärbar sind.

In diesem Zusammenhang ist daran zu erinnern, daß die suboptimale Fingerprintmethode besonders für die Sommermonate die Wirkung einer anthropogenen Verstärkung des Treibhauseffektes auf die Schichtmittel-temperaturen unterhalb des 500 hPa-Niveaus im Bereich der Polarkalotte auswies (Abb. 42a und 43a). Nördlich von 60° N steigen andererseits auch die Geopotentiale beim Auftreten positiver Temperaturanomalien im östlichen tropischen Pazifik an, wie Abb. 56a zeigt. Tendenziell könnte also der Anstieg der Schichtmitteltemperaturen im Bereich der nördlichen Polarkalotte durch eine Erwärmung des tropischen Ostpazifiks als Folge der anthropogenen Verstärkung des Treibhauseffektes erklärt werden. Dieser Erklärungsansatz wird auch durch die von der Arbeitsgruppe Flohn (1990, 1992) vorgelegten Ergebnisse nahegelegt. Insbesondere zeigen diese Befunde, daß die Intensivierung der Frontalzone trotz des Anstieges der Geopotentiale im polar-arktischen Bereich erfolgt, also Ergebnis der Erwärmung im tropischen Raum ist. Zusammengenommen indizieren diese Beziehungen die besondere Bedeutung der Tropen für die in den vergangenen Jahrzehnten beobachteten Änderungen des Zirkulationsgeschehens im euro-atlantischen Bereich.

7 Variation der Persistenz

Änderungen der Ozeanoberflächentemperaturen weisen generell eine größere Persistenz als atmosphärische Zirkulationsumstellungen auf. Da beide Phänomene miteinander rückgekoppelt sind, könnte eine Einflußnahme der erwiesenen Temperaturänderungen im tropischen Ostpazifik auf das Zirkulationsgeschehen im euro-atlantischen Sektor durch Persistenzänderungen des täglichen Wettergeschehens in diesem Bereich in Erscheinung treten. Die täglichen Fluktuationen der Geopotentiale sollten bei zunehmender Persistenz im Ablauf der Beobachtungsperiode geringer werden.

Die räumliche Verteilung der mittleren von Tag zu Tag auftretenden Höhenänderung der 500 hPa-Geopotentiale zeigt Abb. 57a und b für die Beobachtungsperioden 1949-1971 und 1972-1994 ohne Berücksichtigung der Jahreszeiten. Die höchsten mittleren Änderungen von Tag zu Tag, ausgedrückt in geopotentiellen Metern, treten im Bereich der Frontalzone über der ostamerikanischen Küste auf. Sowohl polwärts wie auch äquatorwärts der Frontalzone nehmen die Änderungsraten ab. Besonders geringe Werte lassen sich in den Tropen nachweisen.

Der Vergleich der Änderungsraten der ersten mit der zweiten Periode zeigt, daß im Bereich der Frontalzone die Änderungsraten zu-, außerhalb dieses Bereiches aber abgenommen haben. Für die Wintermonate sind die Differenzen zwischen den mittleren Höhenänderungen beider Perioden in Abb. 58a angegeben. In den Bereichen mit positiven Differenzen sind die Variationen der Geopotentiale größer, in denen mit negativen Differenzen kleiner geworden. Im Bereich der Frontalzone sind folglich die mittleren Geopotentialänderungen von Tag zu Tag in der Periode von 1972-1994 gegenüber der Periode von 1949-1971 um maximal 9 gpm größer, im tropisch-subtropischen und im polar-arktischen Bereich hingegen um bis zu 9 gpm geringer geworden.

a)

b)

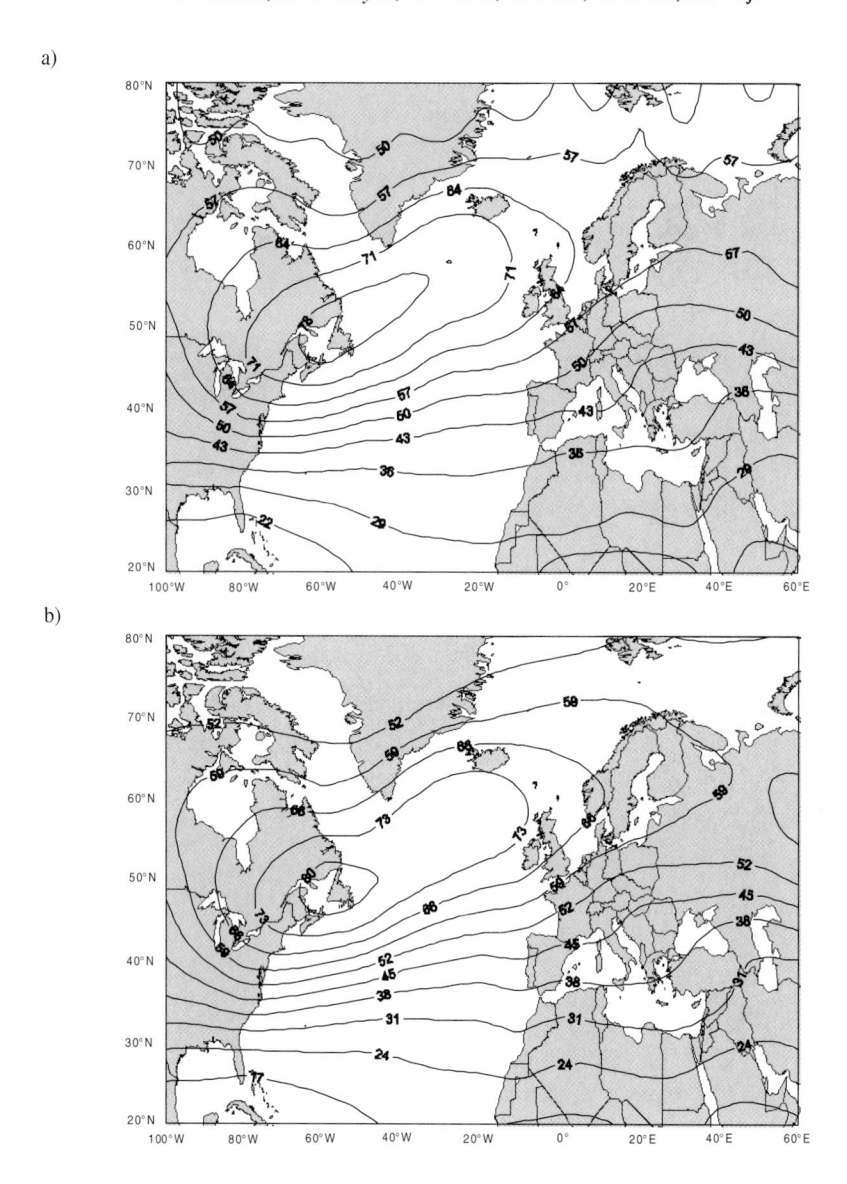

Abb. 57: Räumliche Verteilung der mittleren von Tag zu Tag auftretenden Höhenänderung der 500 hPa-Geopotentiale gemittelt über den Zeitraum 1949-1971 (a) und 1972-1994 (b) ohne Berücksichtigung der Jahreszeit.

Änderungen der Zirkulationsstrukturen ... 151

a)

b)

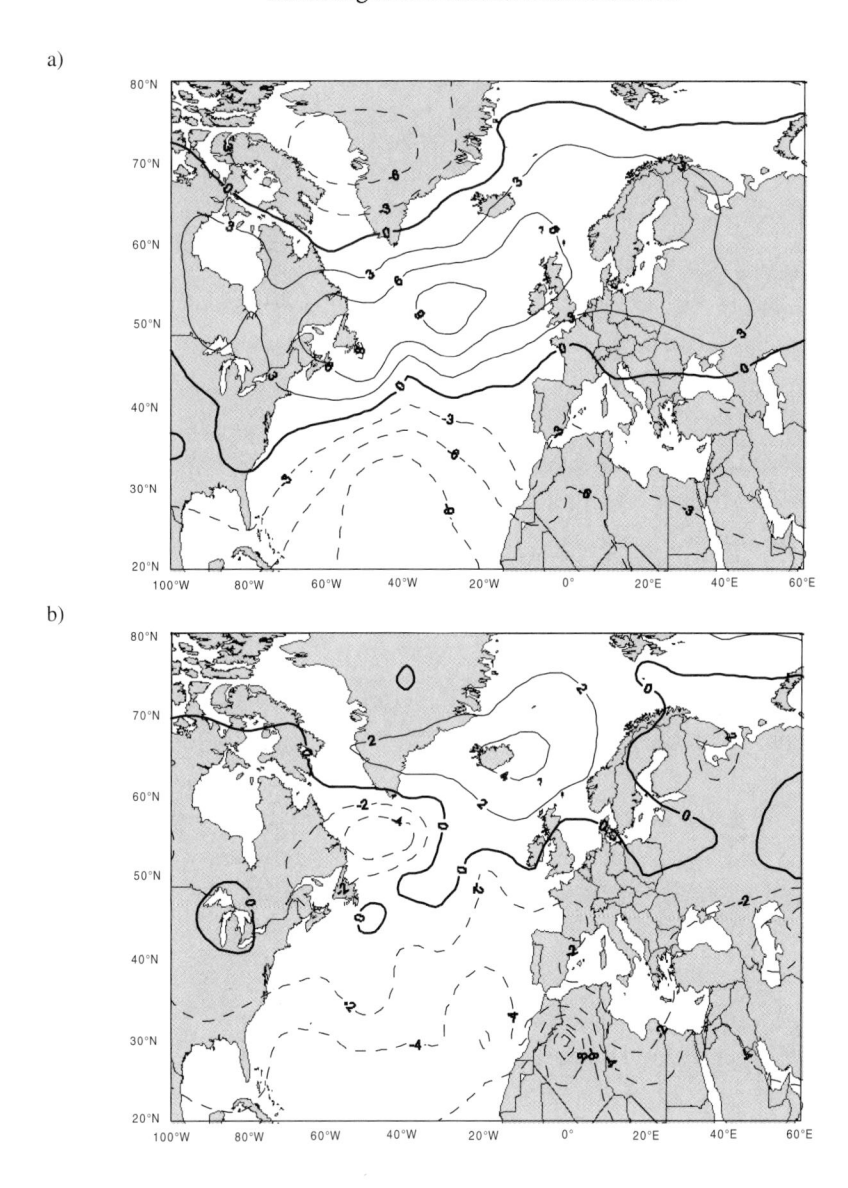

Abb. 58: Raummuster der Differenzen der mittleren von Tag zu Tag Höhenänderungen der 500 hPa-Geopotentiale, gebildet für die Mittelwerte aller Gitterpunkte des Zeitraumes 1971-1994 abzüglich der Mittelwerte des Zeitraumes 1949 -1971 in den Monaten Dezember bis März (a) und Juni bis August (b).

In den Sommermonaten haben die mittleren Änderungsraten von Tag zu Tag im polar-arktischen Raum in der zweiten Periode stark zugenommen. In allen übrigen Breiten nahmen die Änderungsraten ab (Abb. 58b). Der größte Rückgang der Änderungsraten erfolgte nördlich des Hoggargebirges und beträgt 12 gpm. Das ist ein Rückgang um fast 50 % bezogen auf die mittlere jährliche Variation von Tag zu Tag. Die Ursache für diese exzeptionellen Änderungen sind bisher nicht bekannt, lohnen aber eine weitergehende Analyse -falls keine Datenfehler vorliegen-, die im Rahmen dieser großräumigen Untersuchung allerdings nicht durchgeführt wird.

Persistenzänderungen der täglichen Fluktuationen der 500 hPa-Geopotentiale lassen sich besser als durch die Variationen von Tag zu Tag durch die Bildung der Autokorrelationskoeffizienten bei einer Zeitversetzung um einen Tag erfassen. Die mittleren Autokorrelationskoeffizienten für die Wintermonate der Periode 1949-1993 zeigen bei eintägiger Zeitversetzung Minimalwerte im Bereich der Frontalzone über dem östlichen Nordamerika und in den tropischen und subtropischen Breiten (Abb. 59a). Die höchsten Autokorrelationskoeffizienten treten über Labrador und dem östlichsten Teil Europas auf.

Die durch die Autokorrelationen erfaßte Persistenz ist in den Sommermonaten größer als in den Wintermonaten. Der Bereich vergleichsweise kleiner Koeffizienten bleibt an die Frontalzone über der amerikanischen Ostküste gebunden, verlagert sich jedoch um etwa 5 Breitengrade nordwärts (Abb. 59b). Deutlich geringere Koeffizienten treten aber in den Sommermonaten durchgängig in den tropischen und subtropischen Breiten auf. Werte kleiner als 0.58 zeigen an, daß besonders in den Tropen die täglichen Variationen des 500 hPa-Niveaus erheblich sein müssen, obwohl die mittleren Änderungsraten (Abb. 57b) vergleichsweise gering bleiben.

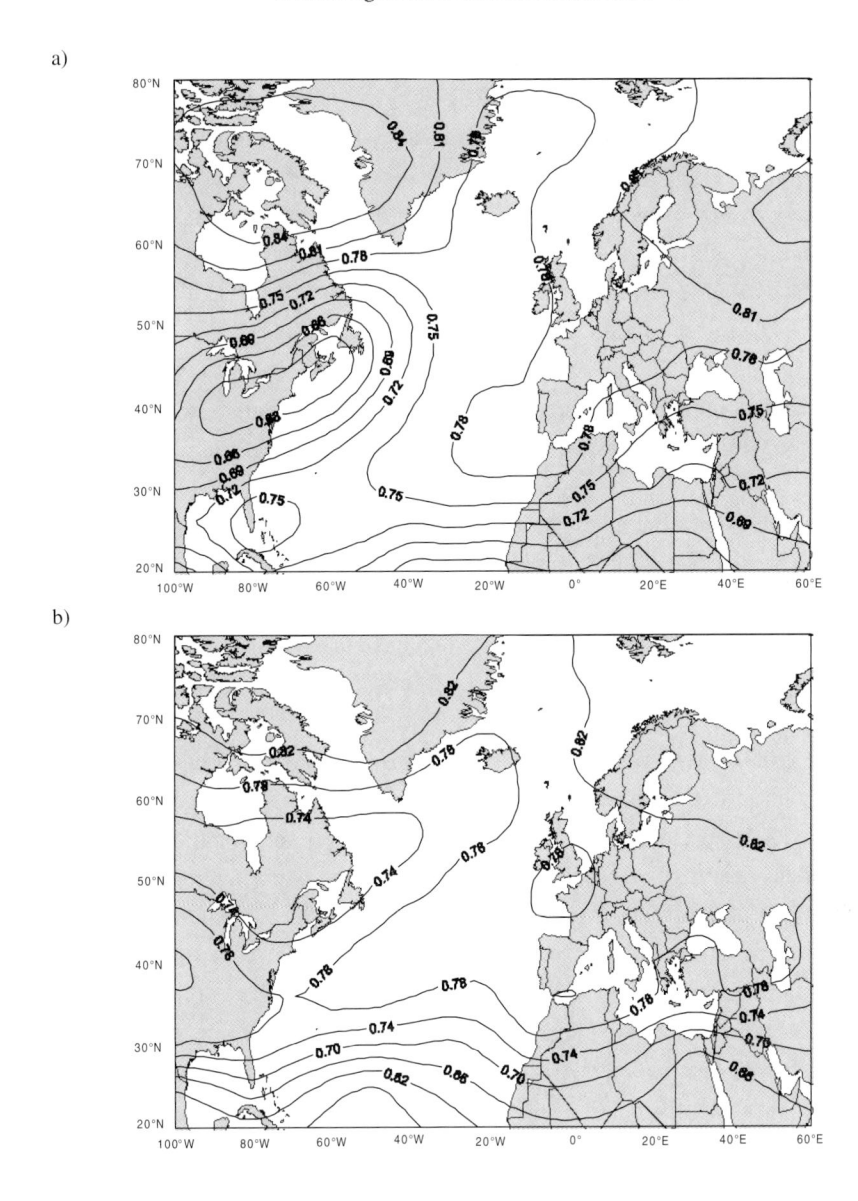

Abb. 59: Raummuster der mittleren Autokorrelationskoeffizienten bei eintägiger Zeitversetzung der täglichen 500 hPa-Geopotentiale für die Wintermonate (a) und die Sommermonate (b) in der Periode 1949-1993.

Einen Eindruck bezüglich der langfristigen Persistenzänderungen erhält man, indem man die Autokorrelationskoeffizienten, die sich bei eintägiger Zeitversetzung für die Tage der Wintermonate der einzelnen Jahre des Beobachtungszeitraumes ergeben, einer Trendanalyse unterzieht. Die Korrelationskoeffizienten dieses Trends zeigen signifikante negative Werte im Bereich der Frontalzone und nördlich davon, hochsignifikante positive Werte hingegen in den tropischen und subtropischen Breiten (Abb. 60a). Die durch die Autokorrelationen bei eintägiger Zeitversetzung erfaßte Persistenz hat also im Bereich der Frontalzone im Ablauf des Zeitraumes von 1949-1994 im Winter deutlich abgenommen, in allen anderen Bereichen aber zugenommen. Besonders kräftig ist die Persistenzerhöhung im tropischen Bereich.

Die größte Persistenzabnahme tritt südlich von Grönland sowie in Nordost Kanada auf. Abb. 61a zeigt die Zeitreihe der Anomalien der Autokorrelationskoeffizienten für den Gitterpunkt 50°W/60°N. Seit 1980 dominieren die negativen Abweichungen durchgängig, bis 1960 traten gehäuft positive Abweichungen auf.

Die Zone größter negativer Korrelationskoeffizienten der berechneten Trends verlagert sich in den Sommermonaten viel weiter polwärts als die Frontalzone (vgl. Abb. 12a). Im eigentlichen Frontalzonenbereich treten nur bei Irland und im zentralen Atlantik begrenzte Bereiche mit nicht signifikanten negativen Trends auf. In den mittleren, subtropischen und tropischen Breiten dominieren positive Trends ganz eindeutig und bringen eine deutliche Persistenzzunahme im Ablauf der Beobachtungsperiode zum Ausdruck (Abb. 60b). Für den Gitterpunkt nördlich des Hoggargebirges (0°/25°N) ist in Abb. 61b die Zeitreihe der Anomalien der Autokorrelationskoeffizienten für die Tage der Sommermonate angeführt. Ab 1966 treten fast ausnahmslos nur noch positive Anomalien auf. Ähnlich stellt sich die nicht dargestellte Zeitreihe der Anomalien für den Bereich des Golfes von Mexiko dar. Im zentralen tropischen Atlantik ist die Persistenzzunahme etwas geringer als über Afrika und im mexikanischen Golf.

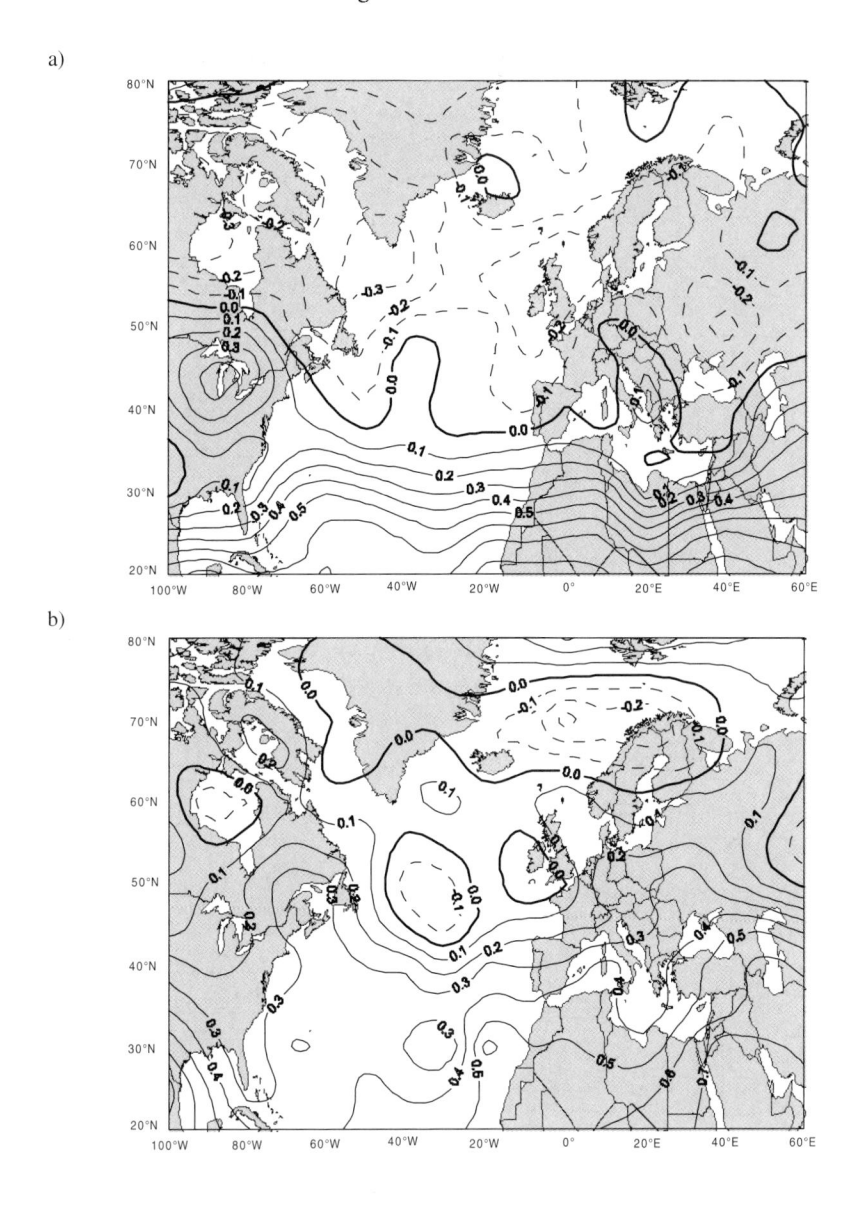

Abb. 60: Raummuster der Korrelationskoeffizienten des Trends der Autokorrelationskoeffizienten bei eintägiger Zeitversetzung der 500 hPa-Geopotentiale, gebildet für die einzelnen Wintermonate (a) und die Sommermonate (b) der Periode 1949-1994.

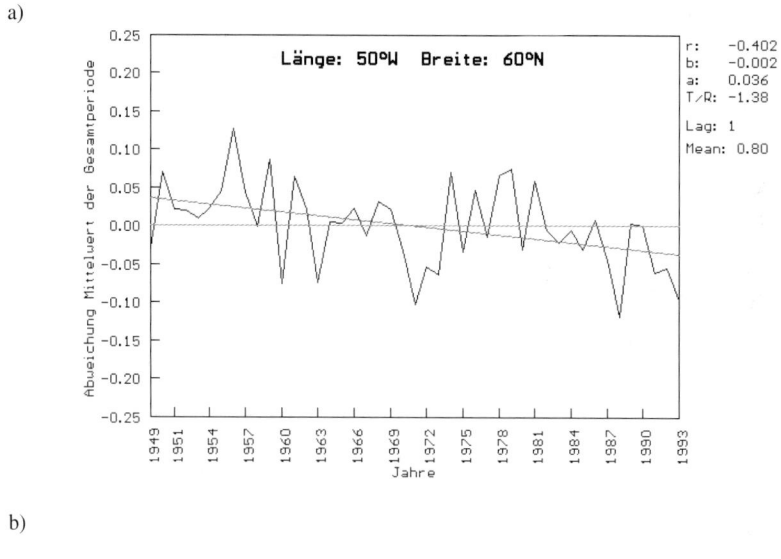

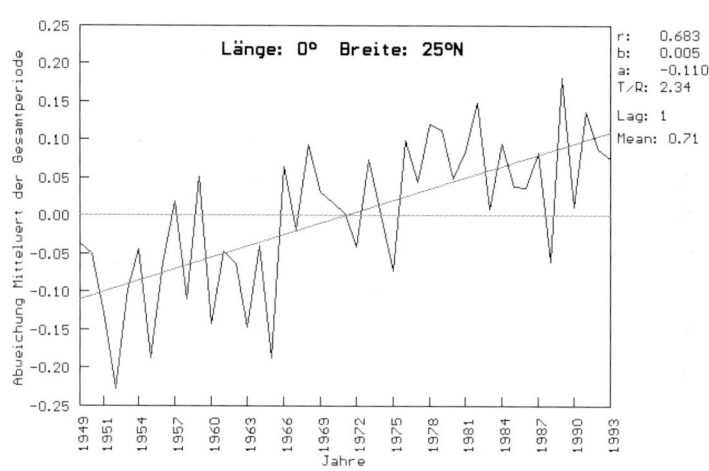

Abb. 61: Zeitreihe der Anomalien der Autokorrelationskoeffizienten für die Gitterpunkte 50°W/60°N in den Wintermonaten (a) und 0°/25°N in den Sommermonaten (b).

Die Raummuster der Persistenzänderung mit höchsten Persistenzsteigerungen in der Tropenzone legen die Vermutung nahe, daß die Ursachen in den Tropen bzw. auf der Südhemisphäre zu suchen sind. Die Untersuchungen von Gunn (1991) zeigen, daß die Differenzen der mittleren süd- und nordhemisphärischen jährlichen Temperaturen ab 1966 beständig positiv sind, die Südhemisphäre also im Gegensatz zum vorangehenden Zeitraum ab 1966 beständig wärmer als die Nordhemisphäre war. Die Nordhemisphäre ist stärker terrestrisch als die Südhemisphäre geprägt. Die Nordhemisphäre reagiert deshalb unmittelbar auf alle externen klimawirksamen Impulse, die Südhemisphäre gleicht die Impulse durch die hohe ozeanische Speicherkapazität aus. Daraus folgert Gunn: "The shift in hemispheric energy balances indicates a fundamental change in global climate in 1966. It appears that the accumulating heat balance of the southern hemisphere became more important than the periodic phenomena in the global climate system."

Besonders ausgeprägt soll nach den Analysen von Gunn (1991) die südhemisphärische Dominanz im globalen Klimasystem ab 1976 wirksam werden. Seit 1976 weisen die südhemisphärischen Jahrestemperaturen einen monotonen Anstieg auf. Zudem wurden die Temperaturdifferenzen zwischen beiden Hemisphären nach allen El Niño - Ereignissen seit 1976 erheblich reduziert. Daraus schließt Gunn "that the ENSO acts to equalize temperatures between the hemispheres... by splitting the heated waters proportional to the temperature differential between the hemispheres." Wenn diese interessante Hypothese sich als richtig erweist, so wird die im tropischen Ostpazifik bei El Niño - Ereignissen auftretende Erwärmung nicht nur, wie von Yarnal (1985) zusammenfassend dargestellt wurde, durch die Hadleyzirkulation und den Subtropenjet in die mittleren Breiten der Nordhemisphäre transportiert, sondern auch durch die Meeresströmungen aus der Tropenzone abgeführt. Die hohe Persistenz der Ozeantemperaturanomalien erhöht unter diesen Umständen die Persistenz der nordhemisphärischen Zirkulationsmuster und könnte für die ausgewiesenen Persistenzänderungen besonders in der Tropen- und Subtropenzone mitverantwortlich sein.

Es ist bereits an früherer Stelle auf die Arbeiten von Flohn und seinen Mitarbeitern (1990,1992) hingewiesen worden, in denen der Nachweis geführt wird, daß in den vergangenen 20 Jahren eine generelle Erwärmung der tropischen Ozeane zu beobachten ist. Ob diese mit der Überwärmung der Südhemisphäre gegenüber der Nordhemisphäre in Zusammenhang steht, kann an dieser Stelle nicht entschieden werden. Mit erheblicher Wahrscheinlichkeit geht diese Erwärmung teilweise auf die anthropogene Verstärkung des Treibhauseffektes zurück, die sich infolge der hohen Wärmespeicherkapazität der Ozeane erst mit 20 jähriger Verzögerung voll auswirken kann. Nicht auszuschließen ist allerdings, daß auch solare Aktivitätsschwankungen für die Erhöhung der Ozeantemperaturen in weiten Teilen der Welt verantwortlich sind. Reid hat bereits 1987 gezeigt, daß im Ablauf der letzten 120 Jahre ein enger Zusammenhang zwischen den solaren Aktivitätsschwankungen und der Dynamik der globalen Ozeanoberflächentemperaturen besteht. Die Signifikanz dieses Zusammenhangs wird allerdings nur unzureichend diskutiert, obwohl der Nachweis auf der Grundlage von Zeitreihen erfolgt, die mit 11-jährigen gleitenden Durchschnitten gefiltert wurden, wodurch die Zahl der Freiheitsgrade sehr gering wird.

Der optische Vergleich der von Reid (1987) dargestellten Zeitreihen der globalen Ozeanoberflächentemperaturen und der solaren Aktivitätsschwankungen weist eine durchgängige Parallelität zwischen diesen beiden gefilterten Zeitreihen aus. Einem Anstieg beider Kurven bis in die fünfziger Jahre folgt ein Absinken in den sechziger und beginnenden siebziger Jahren und ein neuerlicher Anstieg seit 1976 bis in die endachtziger Jahre. Die durchgängige Parallelität beider gefilterten Zeitreihen kann als Indiz dafür genommen werden, daß bis in die Gegenwart die solaren Aktivitätsschwankungen die Dynamik der globalen Ozeanoberflächentemperaturen wesentlich mitbestimmen. Diese Annahme schließt nicht aus, daß die anthropogene Verstärkung des Treibhauseffektes in den letzten Jahren an Bedeutung für die Entwicklung der Ozeanoberflächentemperaturen gewonnen hat.

Für den Bereich der Sargasso-See konnte für die letzten 3000 Jahre eine Abschätzung der Ozeanoberflächentemperaturen anhand von Bohrkernanalysen durchgeführt werden (Keigwin, 1996). Vor 400 Jahren, während der sogenannten kleinen Eiszeit, waren die Temperaturen in der Sargasso-See um 1° C geringer als gegenwärtig, vor 1000 Jahren, während der frühmittelalterlichen Warmzeit, etwa 1° C höher als in den letzten Jahren. Die Spannweite der Temperaturänderungen war also insgesamt etwa viermal größer als im Ablauf dieses Jahrhunderts.

Die Temperaturänderungen, die in der Sargasso-See im Ablauf der letzten 3000 Jahre nachgewiesen wurden, folgen recht genau der langfristigen Variation der solaren Aktivität. Der gegenwärtige Anstieg der Temperaturen bewegt sich nach Einschätzung von Keigwin (1996) völlig im Bereich dessen, was unter Berücksichtigung der vorangehenden Fluktuationen zu erwarten ist. Insbesondere scheint der gegenwärtige Anstieg mit dem langfristigen Anstieg der Ozeanoberflächentemperaturen seit der kleinen Eiszeit in Beziehung zu stehen. Wenn die Maximalwerte der frühmittelalterlichen Warmzeit in Zukunft erreicht werden, dann ist noch mit einem Temperaturanstieg um etwa ein Grad zu rechnen. Werden die Temperaturen erreicht, die vor 1500 bzw. vor 3000 Jahren auftraten, so ist sogar mit einem Temperaturanstieg um mehr als 2° C zu rechnen.

Salzgehalt, Sedimentfracht und Temperaturen indizieren, daß die Ozeantemperaturen in der Sargasso-See beim Auftreten von anhaltenden Negativphasen des NAO besonders gering waren, bei Positivphasen hingegen anstiegen und Maximalwerte erreichten. Gegenwärtig sind die Temperaturen in der Sargasso-See in guter Übereinstimmung zu der anhaltenden Positivphase des NAO vergleichsweise hoch. Keigwin (1996) betont, daß sich die gegenwärtigen Temperaturschwankungen durchaus in die natürlichen Fluktuationen der vergangenen Jahrtausende einpassen. Damit ist aber nicht belegt, daß der anthropogen verstärkte Treibhauseffekt bisher wirkungslos bleibt. Vielmehr weist Keigwin auf die Notwendigkeit hin, anthropogene und natürliche Ursachen zu trennen. Auf die Probleme, die dabei zu erwarten sind, wurde bereits an anderer Stelle in Anlehnung an die Arbeiten von Flohn (1990,1992) hingewiesen.

Zusammenfassend kann festgestellt werden, daß die Persistenzänderungen, die durch eine Abnahme der Persistenz in den mittleren Breiten und eine Zunahme in den niederen Breiten und teilweise auch im Polargebiet gekennzeichnet sind, sich durch die erwiesene Zunahme der Ozeantemperaturen im Bereich der Tropen und der Südhemisphäre gut erklären lassen. Die hohe Persistenz der Ozeantemperaturanomalien überträgt sich in den niederen Breiten auf die atmosphärischen Prozesse. Diese werden durch hohe Verdunstungsraten und eine Intensivierung des Wasserkreislaufs bestimmt. In den mittleren Breiten bedingt der erhöhte Wasserdampfgehalt eine Zunahme der Auftrittshäufigkeit barokliner Instabilitäten. Das impliziert notwendigerweise eine Zunahme der Auftrittshäufigkeit außertropischer Zyklone und damit verbunden eine Reduktion der Persistenz, wie sie besonders für die Wintermonate nachgewiesen werden konnte.

8 Ausblick

Im Hamburger Max Plank Institut für Meteorologie wurde die Energiemenge berechnet, die im Nordatlantik zwischen der amerikanischen Ostküste und den west-nordwestlichen Küsten Europas vom Ozean auf die Atmosphäre übertragen wird. Die Energiemenge entspricht etwa einem Drittel der jährlichen Sonneneinstrahlung über dem Nordatlantik und hat einen energetischen Marktwert von 50 Millionen Mark pro Sekunde. Änderungen der Ozeantemparatur verändern den Marktwert um viele Millionen Mark pro Sekunde.

Die Erwärmung der Luftmassen durch die im Winter gegenüber dem Kontinent um oft mehr als 10° C wärmeren Ozeantemperaturen des Nordatlantiks führt bei gleichzeitiger Aufnahme latenter Wärme infolge der starken Verdunstung dazu, daß die Klimazonen in Europa im Vergleich zum globalen Mittel um etwa 1500 km polwärts verschoben sind (Weiner, 1991; Soyer, 1992). In nur 24 Stunden können sich arktische Luftmassen, die von Kanada aus über den Nordatlantik strömen, um mehr als 10° C erwärmen. Selbst im langjährigen Mittel bleiben die winterlichen Ozeantemperaturen im Nordatlantik aber dennoch um 3-4° C wärmer als die Lufttemperaturen (Malberg und Frattesi, 1995).

Mit steigender Temperaturdifferenz zwischen Luft- und Ozeantemperatur und mit wachsender Windgeschwindigkeit steigt die Übertragungsrate sensibler und latenter Wärme auf die überströmenden Luftmassen bei gleichzeitiger Abkühlung der Ozeanoberflächentemperaturen. Schon geringe Änderungen dieser Parameter bedingen erhebliche Änderungen der Energieübertragung. Da die Ozeantemperaturen eine deutlich höhere Persistenz als die Lufttemperaturen und die Windgeschwindigkeiten aufweisen, ist deren Änderung für jede mittelfristige Vorhersage von größter Bedeutung.

Die Ozeantemperaturen werden zunächst durch die Speicherung der sommerlichen Einstrahlung bestimmt. Die Einstrahlung erwärmt allerdings nur das Oberflächenwasser, das auf dem dichteren und kühleren Tiefenwasser in Form einer bis zu 50 Meter mächtigen Warmwassertasche aufschwimmt. Eine tiefreichende Durchmischung erfolgt erst beim Auftreten der Herbst- und Winterstürme. Je tiefer die Durchmischung ist, um so persistenter sind die Ozeantemperaturanomalien, die trotz der tiefreichenden Durchmischung nicht auszugleichen sind.

Im 3. Abschnitt wurde darauf hingewiesen, daß sich östlich von Kaltwassertaschen bevorzugt Höhentröge, östlich von Warmwasseranomalien aber Höhenrücken infolge der Energieübertragung und Energiefreisetzung durch Kondensation ausbilden. Die im Zeitraum 1949-1994 beobachteten Strukturänderungen der 500 hPa-Geopotentiale ließen sich durch die Ozeanoberflächentemperaturen und die daraus resultierenden Wirkungen auf die Geopotentialstruktur erklären. Da den Anomalien der Ozeantemperaturen Zirkulationsanomalien vorausgehen, die die Ausbildung der Anomalien begünstigen und diese gegebenenfalls langfristig erhalten, müssen die initialen Zirkulationsanomalien erklärt werden. Die Analysen dieser Untersuchung legen den Schluß nahe, daß sowohl die anthropogene Verstärkung des Treibhauseffektes wie auch solare Aktivitätsschwankungen im Klimasystem interne Verstärkungen, insbesondere in der Tropenzone erfahren, die im Ergebnis zu den beobachteten Zirkulationsumstellungen im euro-atlantischen Bereich führen.

Eine Prognose der Wintertemperaturen, die Zeit für angemessene Brennstoffeinlagerungen während der Sommermonate läßt, ist gegenwärtig nicht möglich. Wegen der sensiblen Abhängigkeit des nichtlinearen Klimasystems von den Anfangsbedingungen (Klaus et al., 1994) erscheinen gesicherte langfristige Prognose auch in absehbarer Zeit auf der Basis von Beobachtungsdaten eher unwahrscheinlich. Bezüglich der Wirkungen des anthropogen verstärkten Treibhauseffektes sind ebenfalls keine gesicherten Aussagen möglich. Lorenz (1991) formuliert diese Tatsache als Ergebnis seiner theoretischen Erwägungen so: "We conclude that we can not say at present, on the basis of observations alone, that a greenhouse-gas-induced global warming has already set in, nor can we say that it has not already set in."

Wenn der Schutz der Umwelt oberstes Ziel der Politik eines Landes sein soll, dem alle anderen Ziele untergeordnet werden müssten, dann ist trotz der noch bestehenden Unsicherheiten bezüglich der Wirksamkeit und der Folgen einer anthropogenen Verstärkung des natürlichen Treihauseffektes ein Umsteuern in der Energiepolitik zur Minderung des Ausstoßes klimawirksamer Gase unumgänglich. Die Mehrzahl der Nationen wird in dieser komplexen Welt die Umweltziele im Konflikt mit anderen Zielen wie Erhaltung der Wirtschaftskraft und Sicherung von Arbeitsplätzen zu bewerten haben. Politiker, die auf eine Wiederwahl hoffen, werden aber auch die Wünsche der Bürger nach Komfort und Mobilität nicht ganz außer acht lassen können.

Aus der Sicht der angesehensten internationalen Klimaforscher kann erst bei einer Begrenzung des jährlichen CO_2-Ausstoßes auf eine Tonne pro Kopf der Weltbevölkerung mit hinreichender Sicherheit davon ausgegangen werden, daß keine anthropogene Verstärkung des Treibhauseffektes eintritt (Leutzbach, 1996). Andere klimawirksame Gase gehen in diese Betrachtung ein, indem sie in CO_2-Äquvalente umgerechnet werden. Was eine Begrenzung des derzeitigen CO_2-Ausstoßes auf eine Tonne pro Kopf und Jahr bedeutet, veranschaulicht eine sehr einfache Rechnung: Gegenwärtig liegt der Weltenergieverbrauch pro Kopf und Jahr bei etwa 2 Tonnen Steinkohleeinheiten (SKE) pro Kopf und Jahr (Weltbank, 1995). Global stammen 88 % davon aus fossilen Energieträgern, in Deutschland sind es nur 86 % infolge des Einsatzes der Kernenergie (Häfele, 1990, 5). In den armen Ländern der Erde liegt der Verbrauch bei 1-1.5 Tonnen SKE, in Deutschland sind es 6 Tonnen SKE, in den Vereinigten Staaten etwa 12 Tonnen SKE. Bei der Verbrennung einer Tonne SKE werden in Abhängigkeit zur Art des fossilen Brennstoffes zwei bis drei Tonnen CO_2 in die Atmosphäre ausgestoßen.

Die Weltbevölkerung umfaßt gegenwärtig etwa 5.9 Milliarden Menschen. Eine Stabilisierung wird unter günstigsten Voraussetzungen in 30 Jahren bei 8-10 Milliarden erwartet. 90 % dieses Bevölkerungswachstums wird in den armen Ländern dieser Erde erfolgen. Wohlstand im herkömmlichen Sinne kann nur erlangt werden, wenn menschliche Intelligenz und Arbeitsfähigkeit durch energiegetriebene Maschinen verstärkt wird. Da auch die Menschen in den jetzt noch wohlstandsarmen Ländern dieser Erde eine Teilhabe am herkömmlichen Wohlstand dringendst erstreben und es keinen vertretbaren Grund, aber auch in den sich globalisierenden Staatengemeinschaften keine Möglichkeit gibt, ihnen dieses Bestreben zu verwehren, wird man davon ausgehen müssen, daß in wenigen Jahren alle Erdbewohner, die ihre Leistungskraft gezielt zur Wohlstandssteigerung einsetzen, ein näherungsweise gleiches Wohlstandsniveau erreichen. Dafür werden nach den gegenwärtigen Abschätzungen mindestens 4 Tonnen SKE erforderlich sein.

Der gegenwärtige globale Energieverbrauch liegt bei etwa 12 Milliarden Tonnen SKE. Der zukünftige, wenn 4 Tonnen SKE pro Erdbewohner angenommen werden, bei 40-56 Milliarden Tonnen SKE. Das entspricht einem CO_2-Ausstoß von rund 100 Milliarden Tonnen. Klimaunwirksam wären Ausstoßwerte in der Größenordnung von deutlich weniger als 10 Milliarden Tonnen CO_2-Äquivalent. Das bedeutet, daß im Ablauf der nächsten Jahre 90 % des Energieverbrauchs durch nichtfossile Energieträger zu ersetzen sind oder entsprechende Energiesparpotentiale ausgeschöpft werden. Ob das ohne extreme wirtschaftliche Verwerfungen möglich sein wird, ist eine offene Frage (Weizsäcker et al., 1995). Sicher ist aber, daß die Verwerfungen um so größer werden, je später die Umsteuerung erfolgt. Die politischen Entscheidungsträger, deren Lebenserfolg eng mit ihrem Wahlerfolg verbunden ist, werden unter Abwägung aller konkurrierenden Ziele also möglichst bald tragfähige Lösungen in die öffentliche Diskussion einzubringen haben.

9 Literatur

ANGELL, J.K. (1988): Variations and trends in tropospheric and stratospheric global temperatures. Journal of Climate 1, 1296-1313.

ARKING, A. (1996): Absorption of solar energy in the atmosphere: Discrepancy between model and observations. Science 273, 779-782.

BAHRENBERG, G.; GIESE, E. und J. NIPPER (1992): Statistische Methoden in der Geographie. Bd. 2, Stuttgart.

BISHOP, C.M. (1995): Neural Networks for pattern recognition. Oxford.

BORN, K. (1996) Tropospheric warming and changes in weather variability over the northern hemisphere during the period 1967-1991. Meteorlgy and Atmospheric Physics 59, 201-215.

CHRISTY, J.R. und R.T. Mc NIDER (1994): Satellite greenhouse signal. Nature 367, 325-326.

CRADDOCK, J.M. und C.R. FLOOD (1969): Eigenvectors for representing the 500 mb geopotential surface over the Northern Hemisphere. Quart. Journ. Royal Meteorol. Soc., 95, 576-593.

DRONIA, H. (1991): Zum vermehrten Auftreten extremer Tiefdruckgebiete über dem Nordatlantik in den Wintern (November bis März) 1988/89 bis 1990/1991. Reprint.

EMMERICH, P. (1991): 92 Jahre nordhemisphärischer Zonalindex. Eine Trendbetrachtung. Meteorol. Rdsch. 43, 161-169.

FLOHN, H.; KAPALA, A.; KNOCHE, H.R. und H. MÄCHEL (1990): Recent changes of the tropical energy budget and the midlatitude circulations. Climate Dynamics 4, 237-252.

FLOHN, H.; KAPALA, A.; KNOCHE, H.R. und H. MÄCHEL (1992): Water vapor as an amplifier of the greenhouse effect: New Aspects. Meteorol. Zeitsch. N.F. 1, 122-138.

FORTAK, H. (1971): Meteorologie. Darmstadt

FRANKE, R. (1994): Die nordatlantischen Orkantiefs mit einem Kerndruck von 950 hPa und weniger während der letzten 38 Jahre. Der Wetterlotse 46, 199-207.

GERSTENGARBE, F.W. et al. (1993): Katalog der Großwetterlagen Europas nach P. Hess und H. Brezowsky 1881-1992. 4. neub. Aufl., Ber. Dtsch. Wetterd. Nr. 113, Offenbach.

GRAHAM, N.E. (1995): Simulation of recent global temperature trends. Science 267, 666-671.

GROß, M.H. und F. SEIBERT (1991): Neuronal Network image analysis for environmental protection. in: R. Denzer, R. Güttler, R. Grützner (Hrsg.): Visualisierung von Umweltdaten. Information Aktuell, Springer Verlag.

GROß, M.H. and F. SEIBERT (1993): Visualization of multidimensional image data sets using Neuronal Network. The Visual Computer, 10, 145-159.

GUNN, J. (1991): Influence of various forcing variables on energy balance during the period of intensive instrumental observations (1959-1987) and their implications for paleoclimate. Climatic Change 19, 393-420.

HÄFELE, W. (1990): Energiesysteme im Übergang -unter den Bedingungen der Zukunft.Landsberg-Lech.

HANSEN, J.E. und A.A. LACIS (1990): Sun and dust versus greenhouse gases: an assessment of their relative roles in global climatic change. Nature 346, 713-719.

HASSELMANN, K.; BENGTSSON, L.; CUBASCH, U.; HEGERL, G.C.; ROHDE, H.; ROECKNER, E.; von STORCH, H.; VOSS, R. and J. WASZKEWITZ (1995): Detection of anthropogenic climate change using a fingerprint method. In: Max-Planck-Institut für Meteorologie, Report No. 168, Hamburg.

HEBB, D.O. (1949): The Organization of behavior. New York.

HEGERL, G.C.; HASSELMANN K., CUBASCH U.; MITCHELL J.F.B.; ROECKNER E.; VOSS R. and J. WASZKEWITZ (1996): On multi-fingerprint detection and attribution of greenhouse gas- and aerosol forced climate change. In: Max-Planck-Institut für Meteorologie, Report No. 207, Hamburg.

HESS, P. und H. BREZOWSKY (1977): Katalog der Großwetterlagen Europas. 2. Auflg., Ber. Dtsch. Wetterd. Nr. 113, Offenbach a.M.

HUPFER, P. (1988): Beitrag zur Kenntnis der Kopplung Ozean/Atmosphäre in Teilgebieten des Nordatlantischen Ozeans. Abh. d. Meteorol. Dienstes der DDR, 140, 87-100.

HURRELL, J.W. (1995): Decadel trends in the North Atlantic Oscillation: Regional Temperature and Precipitation. Science 269, 676-679.

IPCC (1990): Climatic Change. The IPCC Scientific Assessment. Ed. Houghton et al., Cambridge University Press, Cambridge.

IPCC (1996): Climatic Change 1995: The Science of Climatic Change. Ed. Houghton et al., Cambridge University Press, Cambridge.

JACOBEIT, J. (1994): Atmosphärische Zirkulationveränderungen bei anthropogen verstärktem Treibhauseffekt. Würzburger Geographische Manuskripte, Heft 34. Würzburg.

JIN, F.F. (1996): Tropical Ocean-Atmosphere interaction, the pacific cold tongue, and the El Niño-Southern Oscillation. Nature 274, 76-78.

KEIGWIN, L.D. (1996): The Little Ice Age and Medieval warm period in the Sargasso Sea. Science 274, 1504-1508.

KELLY, P.M. (1977): Solar influence on North Atlantic mean sea level pressure. Nature, 269, 320-322.

KLAUS, D. (1993): Zirkulations- und Persistenzänderungen des europäischen Wettergeschehens im Spiegel der Großwetterlagenstatistik. Erdkunde, Vol. 47/2, S. 85-104.

KLAUS, D., POTH A., u. M. VOß (1994): Konsequenzen des Schmetterlingseffektes für die Klimaprognose. Mannheimer Berichte, Heft 44, S. 41-53.

KLAUS, D.; POTH, A.; VOß, M.; CANTY, M. und G. STEIN (1995): Erkennen und Kartieren von Wald-, Brach- und Aufforstungsflächen mit multispektralen und multitemporalen LANDSAT 5 TM Satellitenbildern in der Niederrheinischen Bucht. In: Internationale Treibhausgasverifikation Nr. 10, Programmgruppe Technologiefolgenforschung, Forschungszentrum Jülich.

KLAUS, D., CANTY, M., POTH, A. und M. VOß (1996): Comparative investigation of Neural Network and statistical classification methods in geographical remote sensing. in: PIERS, Progress in Electromagnetic Research Symposium. Proceedings 8 - 12.7.96, University of Innsbruck, Institute of Meteorology and Geophysics, Austria, S. 361.

KOHONEN, T. (1982): Self-Organized formation of topologically correct feature maps. Biological Cybernetics, 43, 59-69.

KRUSE, H.A. and STORCH; H.v. (1986): A step towards long range weather prediction: The exceptional atmospheric circulation of January 1983 and its relation to El Niño. Meteorol. Rdsch., 39, 152-160.

KUMAR, A.; LEETMAA, A. und M. JI (1994): Simulation of atmospheric variability induced by sea surface temperatures and implications for global warming. Science 266, 632-634.

KURZ, M. (1990): Synoptische Meteorologie. Leitfaden für die Ausbildung im Deutschen Wetterdienst. 2. Auflg., Selbstverlag DWD, Offenbach.

KUTZBACH, J.E. (1970): Large-Scale Features of the monthly Mean Northern Hemisphere Anomaly Maps of Sea-Level Pressure. Monthly Weather Review, 98, 708-716.

LABITZKE, K. und H. van LOON (1990): Sonnenflecken und Wetter. Gibt es doch einen Zusammenhang ? Geowissenschaften 8, 1-6.

LAMB, H.H. (1972): Climate: Present, Past and Future. London.

LATIF, M.; BARNETT, T.P.; CANE, M.A., FLÜGEL, M.; GRAHAM, N.E.; STORCH, v.H.; XU, J.-S. and ZEBIAK, S.E. (1994): A review of ENSO prediction studies. In: Climate Dynamics 9, 167-179.

LORENZ, E.N. (1991): Chaos, spontaneous climatic variations and detection of the Greenhouse Effect. in: Development in Atmospheric Science 19, 445-453.

MALBERG, H. und G. BÖKENS (1993): Änderungen in Druck-, Geopotential- und Temperaturgefälle zwischen Subtropen und Subpolarregion im atlantischen Bereich im Zeitraum 1960-1990. Meteorol. Zeitsch. N.F. 2, 131-137.

MALBERG, H. und G. FRATTESI (1995): Changes in the North Atlantic sea surface temperature related to the atmospheric circulation in the period 1973-1992. Meteorol. Zeitsch. N.F. 4, 37-42.

MÄCHEL, H. (1995): Variabilität der Aktionszentren der bodennahen Zirkulation über dem Atlantik im Zeitraum 1881-1989. Bonner Meteorol. Abh. 44.

NAUCK, D.; KLAWONN, F.; KRUSE, R. (1994): Neuronale Netze und Fuzzy-Systeme. Braunschweig.

ORLEMANS J. (1975): On the occurrence of "Großwetterlagen" in winter related to anomalies in North Atlantic sea temperature. Meteorol. Rdsch. 28, 83-88.

PAETH, H. (1996): Signalanalyse nordhemisphärischer Schichtmitteltemperaturen nördlich von 55°N im Zeitraum 1949-1994. Diplomarbeit, Geographisches Institut der Universität Bonn.

PARKER, B.N. (1976): Global pressure variation and the 11-year solar cycle. Meteorol. Magazine, 105, 33-44.

PICAUT, J.; IOUALALEN, M; MENKES, C. DELCROIX, T. and M.J. McPHADEN (1996): Mechanism of the zonal displacements of the Pacific warm pool: Implications for ENSO. Nature 274, 1486-1489.

RATCLIFFE R. A. S. and R. MURRAY (1970): New lag associations between North Atlantic sea temperature and European pressure applied to long range weather forecasting. Quart. J. Roy. Met. Soc. 96, 226-246.

REID, C.G. (1987): Influence of solar variability on global surface temperatures. Nature 329, 142-143.

RODEWALD, M. (1973) Beilage zur Berliner Wetterkarte vom 20.9. 1973 und vom 23.10.1973.

RUMELHART, D.E. and J.L. McCLELLAND (1986): Parallel distributed processing: explorations in the microstructure of cognition, Vol. 1: Foundations. The MIT Press, Cambridge.

SCHIRMER, H.; BUSCHNER, W.; CAPPEL, A.; MATTHÄUS, G. und M. SCHLEGEL (1987): Meteorologie, Meyers Kleines Lexikon, Mannheim.

SCHÖNWIESE, H.D.; RAPP, J.; FUCHS, T. und M. DENHARD (1993): Klimatrend-Atlas. Europa 1891-1990. Frankfurt. Zentrum für Umweltforschung.

SCHUURMAMS, C.J.E. (1969): The influence of solar flares on the tropospheric circulation. Medelingen en Verhandelingen No. 92, S-Gravenhage.

STEIN, O. and A. HENSE (1994): A reconstructed time series of the number of extreme low pressure events since 1980. Meteorol. Zeitsch. N.F. 3, 43-46.

STONE, R.C; HAMMER G.L. and T. MARCUSSEN (1996): Prediction of global rainfall probabilities using phases of the Southern Oscillation Index. Nature 384, 252-255.

SÜDDEUTSCHE ZEITUNG (1996): Studie: Weltbevölkerung wächst langsamer. Süddeutsche Zeitung vom 30.12.1996.

SYER, T. (1992): Wie das Meer das Klima bestimmt. Interview mit Maier Reimer vom MPIM, Hamburg, Süddeutsche Zeitung vom 27.8.92.

WAHL, E.W. and R.A. BRYSON (1975): Recent changes in Atlantic surface temperatures. Nature, 254, 45-46.

WEINER M. (1991): Wenn der Golfstrom stockt. Bild der Wissenschaft, 1/1991, S. 16-20.

WEIZSÄCKER von, E.U.; LOVINS, A.B. und L.H. LOVINS (1995); Faktor vier. Doppelter Wohlstand -halbierter Verbrauch. München

WELTBANK (1995): Weltentwicklungsbericht 1995. UNO-Verlag Bonn.

YARNAL, B. (1985): Extratropical teleconnections with El Niño/Southern Oscillation (ENSO) events. Progress in Phys. Geogr. 9/3, 315-351.

ZELL, A. (1994): Simulation Neuronaler Netze. Bonn-Paris.